国家重点研发计划青年科学家项目（2021YFC2900600）资助
国家自然科学基金项目（52074166）资助
山东省自然科学基金项目（ZR2021YQ38）资助

动载作用下裂隙围岩
巷道变形破坏机理与稳定性分析

蒋力帅　束佳明　郭涛　王文海　唐鹏　才木敦士（日）　著

中国矿业大学出版社

·徐州·

内 容 提 要

本书综合运用实验室试验、数值模拟及二次开发、理论分析、现场实测等手段,开展了以下研究:① 结合室内试验、CT 扫描和电镜扫描技术,揭示裂隙煤岩体力学特征与裂隙扩展耦合演化规律;② 通过离散元数值模拟试验,深入研究裂隙空间特征和力学参数对岩体力学特性的影响规律;③ 基于神经网络数据挖掘技术,构建"裂隙特征-岩体特性"非线性关系和预测模型;④ 对 FLAC3D 进行二次开发,通过 Weibull 分布模型和力学特性等效的方法,构建工程尺度数值模拟中考虑空间非一致性的裂隙围岩巷道稳定性模拟方法,揭示裂隙岩体非均质性对巷道围岩稳定性的影响规律;⑤ 基于霍普金森压杆试验系统,对不同节理特征的煤岩进行动静组合加载试验,并研究其动力学特征;⑥ 基于 FLAC3D 动力学模拟,深入研究动载作用下裂隙围岩变形破坏特征。

本书可供采矿工程、岩土工程等专业的工程技术人员、科研人员及高校师生参考使用。

图书在版编目(C I P)数据

动载作用下裂隙围岩巷道变形破坏机理与稳定性分析/蒋力帅等著. 一徐州:中国矿业大学出版社,2022.12

ISBN 978 - 7 - 5646 - 5147 - 3

Ⅰ. ①动… Ⅱ. ①将… Ⅲ. ①巷道围岩－破坏机理－研究②巷道围岩－围岩稳定性－研究 Ⅳ. ①TD263 ②TD325

中国版本图书馆 CIP 数据核字(2021)第 212223 号

书 名	动载作用下裂隙围岩巷道变形破坏机理与稳定性分析
著 者	蒋力帅 束佳明 郭 涛 王文海 唐 鹏 才木敦士(日)
责任编辑	满建康
出版发行	中国矿业大学出版社有限责任公司
	(江苏省徐州市解放南路 邮编 221008)
营销热线	(0516)83884103 83885105
出版服务	(0516)83995789 83884920
网 址	http://www.cumtp.com E-mail:cumtpvip@cumtp.com
印 刷	徐州中矿大印发科技有限公司
开 本	787 mm×1092 mm 1/16 **印张** 10.75 **字数** 210 千字
版次印次	2022 年 12 月第 1 版 2022 年 12 月第 1 印刷
定 价	40.00 元

(图书出现印装质量问题,本社负责调换)

前　言

　　煤炭是支撑我国国民经济的主体能源,根据中国工程院《中国煤炭清洁高效可持续开发利用战略研究》,我国预测的煤炭资源总量约 5.57 万亿 t,其中埋藏深度大于 1 000 m 的约占 53%,大于 600 m 的约占 73%。随着煤炭资源的不断开采,浅部资源日益枯竭,深部开采逐渐成为我国煤炭资源开发常态。

　　煤系地层受沉积作用影响,岩性相对软弱,巷道围岩受节理、层理、裂隙等结构弱面影响尤为显著,极易在应力集中部位或弱结构面处破裂并扩展。在煤炭开采和巷道掘进的过程中,节理岩体由于受工程载荷作用及周围应力场的改变,会在原有节理等弱结构面的基础上产生大量次生裂隙,并且由于节理分布情况以及载荷的不同,这些次生裂隙的萌生、扩展以及相邻裂隙的贯穿也会存在差异,最终会导致岩体整体力学特性和破坏形式有所不同,从而严重影响巷道围岩稳定。

　　随着矿井开采深度和开采强度的不断增加,深部高地应力、受强采动影响、软弱破碎围岩等地质条件复杂、支护困难的巷道所占比例日益增大,巷道在围岩裂隙发育、高地应力、高动载扰动等因素的共同作用下,围岩大变形、破碎失稳甚至灾变冒落等灾害屡见不鲜,顶板安全事故频发,制约着煤矿安全高效生产。因此,开展动载作用下裂隙围岩巷道变形破坏机理研究与稳定性分析具有重要的意义。

　　本书综合运用实验室试验、数值模拟及二次开发、理论分析、现场实测等手段,开展了以下研究内容:① 结合室内试验、CT 扫描和电镜扫描技术,揭示裂隙煤岩体力学特征与裂隙扩展耦合演化规律;② 通过离散元数值试验,深入研究裂隙空间特征和力学参数对岩体力学特性的影响规律;③ 基于神经网络数据挖掘技术,构建"裂隙特征-岩体特性"非线性关系和预测模型;④ 对 FLAC3D 进行二次开发,通过 Weibull 分布模型和力学特性等效方法,构建工程尺度数值模拟中考虑空间非一致性的裂隙围岩巷道稳定性模拟方法,揭示裂隙岩体非均质性对巷道围岩稳定性的影响规律;⑤ 基于霍普金森压杆试验系统,对不同节理特征煤岩进行动静组合加载试验,并研究其动力学特征;⑥ 基于 FLAC3D 动力学模拟,深入研究动载作用下裂隙围岩的变形破坏特征。

在撰写本书过程中得到了中国矿业大学（北京）马念杰教授、加拿大麦吉尔大学 Hani Mitri 教授在研究思路上的启迪与指导，以及中国矿业大学（北京）刘洪涛教授、赵志强副教授、河南工程学院镐振讲师等的宝贵建议和大力帮助。本书在有关资料的收集过程中得到了现场技术人员和同仁给予的大力支持。借著作出版之际，特向他们表示衷心的感谢。

限于笔者能力，书中难免存在疏漏和不妥之处，恳请同行专家批评指正。

著者
2021 年 5 月于青岛

目　　录

1 绪 论

1.1 研究意义

我国是世界上最大的能源生产国和消费国,而煤炭是我国生产与消费规模最大的能源品种。根据《中国统计年鉴 2020》数据[1],2019 年我国一次能源生产总量为 39.7 亿 t 标准煤,其中原煤占 68.6%;我国能源消费总量达到 48.7 亿 t 标准煤,煤炭占 57.7%。在碳达峰之前,煤炭在资源赋存条件与生产供给能力、产业规模及能源结构占比、经济性与消费灵活性等方面存在明显优势。因此,短期内煤炭的基础能源地位不会变化,煤炭发展的优势依然存在。

在煤矿生产中,采煤依赖井巷掘进为其创造生产条件,而巷道服务于采煤,二者相互依存,必须并重。我国 90% 左右的煤矿采用井工开采,不论采用长壁式开采还是房柱式开采等采煤方法,均会有大量的巷道掘进及维护作业。据不完全统计,我国每年煤矿新掘巷道累计长达数万千米,这些巷道的围岩稳定状况和维护状况直接关系矿井的安全生产和社会经济效益。

由于复杂的生成条件和工程地质条件,煤矿巷道等天然岩体中均普遍存在节理、裂隙、断层等形式各样的弱结构面,因此岩体常表现出明显的非连续性和非均匀性,给工程岩体的研究带来了巨大困难。岩体中节理等弱结构面的空间分布特征会对岩体宏观力学特性产生影响,而在外部载荷作用下,岩体宏观力学特性的不同又会导致岩体内部萌生、扩展出不同空间分布的新的弱结构面[2-3],而新的弱结构面又会进一步影响岩体的宏观力学特性。因此,节理的空间分布对岩体的宏观力学特性影响巨大,使得巷道围岩稳定性分析和围岩破碎失稳预警变得更加困难。

煤岩体是由众多规模不一、产状不同的不连续面以及由这些不连续面切割成的形状各异、尺寸不等的岩块共同组成的地质体[4],而其中煤系地层受沉积地质环境的影响,巷道围岩受节理、层理、裂隙等结构弱面影响尤为显著,极易在应力集中部位或弱结构面处破裂并扩展;在煤炭开采和巷道掘进的过程中,节理岩体由于受到工程载荷作用及周围应力场的改变,会在原有节理等弱结构面的基础上产生大量次生裂隙,并且由于节理分布情况以及载荷的不同,这些次生裂隙的萌生、扩展以及相邻裂隙的贯穿也会存在差异,最终会导致岩体整体力学特性和破坏形式有所不同[5],从而产生不同的煤矿灾害。特别是深部煤层,在掘进和回采等工程扰动影响下,处于高应力低围压状态或拉应力状态,岩体由脆性破坏向渐进延性破坏转变,造成深部巷道围岩渐进破裂、节理裂隙发育扩展,围岩峰后力学特性随之发生显著渐进劣化,进而造成围岩大变形、破碎失稳甚至灾变冒落等灾害的发生。因此,节理等弱结构面的空间分布特征与围岩破坏以及围岩整体强度的非线性关系研究具有重要意义。

随着矿井开采深度和开采强度的不断增加,浅部和条件简单等易采资源逐渐枯竭,深部复杂的地球物理环境使得矿山灾害日趋严重,而深部煤体在高地应力、高动载扰动等作用下矿压显现剧烈、围岩大变形等屡见不鲜,甚至诱发冲击地压等动力灾害。2018年10月22日,龙郓煤业公司发生冲击地压事故造成21人死亡;2020年2月22日,新巨龙龙堌矿冲击地压事故造成4人死亡。因此,解决深部矿山动力灾害难题,驱动深地资源安全高效开采,已是亟待解决的关键问题。

在深部开采中,围岩处于"三高一扰动"的力学环境,使得深部工程岩体力学响应呈现强烈的非线性特征,主要表现为深部高地应力、强动力响应、围岩软弱破碎等[6-7]。在深部高应力环境中,上覆岩层自重应力明显增大,构造应力场更加复杂,巷道及采煤工作面矿山压力显现强烈。煤系地层受沉积作用影响,岩性相对软弱,节理裂隙发育。与此同时,煤矿巷道中80%以上为动压巷道,受工作面岩层剧烈运动、覆岩破裂、断层活化、爆破等引起的微震和矿震影响,动压巷道在服务年限内会经受频繁的动载扰动。

基于此,本书以某矿典型裂隙围岩巷道为工程背景,开展了以下研究:

(1)结合室内试验、CT扫描和电镜扫描技术,揭示裂隙煤岩体力学特征与裂隙扩展耦合演化规律;

(2)通过离散元数值试验,深入研究裂隙空间特征和力学参数对岩体力学特性的影响规律;

(3)基于神经网络数据挖掘技术,构建"裂隙特征-岩体特性"非线性关系和预测模型;

(4)对FLAC3D进行二次开发,通过Weibull分布模型和力学特性等效的方法,构建工程尺度数值模拟中考虑空间非一致性的裂隙围岩巷道稳定性模拟方法,揭示裂隙岩体非均质性对巷道围岩稳定性的影响规律;

(5)基于霍普金森压杆试验系统,对不同节理特征煤岩进行动静组合加载试验,并研究其动力学特征;

（6）基于 FLAC3D 动力学模拟，深入研究动载作用下裂隙围岩变形破坏特征。

本书中相关科学研究能够完善和发展裂隙岩体力学与工程尺度裂隙围岩巷道数值仿真方法，对动载影响下裂隙围岩巷道稳定性分析、围岩控制等，具有重要的理论意义和应用价值。

1.2　国内外研究现状

1.2.1　裂隙岩体力学特性研究现状

（1）裂隙岩体力学研究现状

随着对岩石力学与岩体力学研究的深入，岩体中存在的节理、裂隙、层理等不连续结构面对岩体力学特性的影响被国内外研究人员逐渐重视。受这些结构弱面的影响，岩体在工程中表现出各向异性、非均质性、尺寸效应、结构效应和围压效应等[8]，并直接影响岩体的力学特性。基于上述原因，国内外学者提出了多种研究节理岩体的力学特性、变形破坏机理的方法并进行了工程应用。

等效连续介质法是指采用均质、各向同性或正交各向同性的连续介质表征节理岩体，通过估算结构面对完整岩石强度、刚度的平均影响程度，使连续介质与节理岩体的力学特性保持等效[9]，该方法广泛应用于连续介质数值模拟中；损伤力学法将岩体中结构弱面视为岩石的一种损伤，应力场影响下的结构弱面的滑移、张开即损伤的发展、积聚和演化，用损伤变量作为岩体的一个特征参数，表示劣化特性，用损伤演化方程表示岩体受力后的演化。在具体研究中，可使用修订本构方程的经典数值方法对损伤劣化特性进行计算，与等效连续介质法有相似之处，但更接近岩体实际力学特性[10-12]；界面法最初由 Goodman 提出的无厚度接触单元发展而来，此后众多学者基于连续介质有限元法，提出了刚性有限元法、夹层单元法等[13-15]，这些方法的主要原理均是将岩石视为连续介质，将节理视为独立的具有一定力学特性的结构单元，该方法适合用于研究含数量较少但结构明显的层理、节理或断层的岩体，同时结构面单元的力学参数（法向刚度、切向刚度等）需要校正后才能保证单元与实际节理裂隙的力学特性之间的拟合度。

不论是等效连续介质法、损伤力学法还是界面法，其本质都是将研究对象视为连续介质。受连续介质界面法中建立独立结构面单元的启发，基于离散元法的各种块体理论被国内外学者相继提出。1971 年 Cundall 提出用以计算具有明显不连续性的节理岩体刚性块体的离散单元法[16-17]，该方法中岩体被刚性结构面分割成相互独立的块体，块体本身为刚性，但可沿结构面自由移动、变形，较好地再现了破裂岩块之间的相对变形、回转等,因此得到了岩土工程科技工作者的广泛认同并被应用于实际工程研究中。Cundall 随后又进一步对该方法进行完善,使其能够体现块体的可变形性,更加真实地反映了块状岩体的力学特性。著名岩石力学咨询公司 Itasca 将其与边界元耦合后研发出大型离散元数值模拟商业软件 UDEC 和 3DEC,分别用于二维和三维岩石力学问题的数值模拟,在国际上被公认为是目前对节理化岩体进行数值计算最有效的方法,在地下工程中得到广泛应用。与连续介质界面法类似,该方法同样存在节理力学参数难以准确推算的问题。

我国学者石根华在拓扑学原理的基础上,运用赤平极射投影和矢量运算创立了关键块体理论[18-20]。该理论中块体可以在自身无容许变形的前提下沿结构面运动,后来有学者在此基础上发展形成概率关键块理论[21]、随机块体理论[22-23]、分形块体理论[24-25]等。之后石根华又进一步发展了属于逆解法的不连续变形分析[26],首先对目标围岩布置若干测点进行位移测定,通过对测点位移的计算,得到被节理切割的围岩的空间位置变化和变形形态。

(2)工程围岩环境下的连续介质数值模拟研究

多年来,计算机数值模拟方法在诸多领域被越来越多的学者所采用,成为煤矿采场矿山压力与岩层控制、巷道煤柱尺寸设计与围岩控制等地下工程的重要研究手段。除 UDEC、3DEC 外,FLAC、FLAC3D 是由美国 Itasca 公司研发推出的连续介质有限差分力学分析软件,它采用力学特性等效的方法模拟工程中软弱破碎岩体,受到国际土木工程、岩土工程等领域的学术界和工业界普遍认可,并得到广泛应用。FLAC 和 FLAC3D 不仅在常规的数值模拟计算和分析中表现优秀,其开放性更是为用户提供了广阔的平台,用户可以对模拟研究和结果分析进行改造、深化。

由于离散元法、界面法等方法中将节理视为个体独立且具有独立力学参数的结构单元,故结构单元(即节理)的力学参数(法向刚度、切向刚度、黏聚力等)对岩体,大到宏观工程表现,小到岩块回转移动,都有非常显著的影响。而目前通过实验室测试和现场实测等手段很难获取节理的准确力学参数[27-28],难以进行估算、校正,但是对数值模拟结果影响很大的节理力学参数是目前制约离散元数值模拟方法发展的主要问题。

由于煤系地层多为由沉积作用形成的较软弱层状岩体,大量针对煤矿井工开采引起的采场与巷道矿山压力等数值模拟研究,通常采用数值模拟软件内置的莫尔-库仑(Mohr-Coulomb)模型和应变软化模型。

Shen[29]为研究山西省某浅埋软岩巷道围岩稳定性问题,通过地应力测试得到了巷道失稳的主要原因是高水平应力和低围岩强度,并采用离散元软件

UDEC 进行了煤矿软岩巷道支护优化的数值模拟分析,提出了高预紧力、全长锚固的锚杆-锚索支护方案,在井下布置了 100 m 长的试验巷道,取得了较好的支护效果。

Bai 等[30]针对山西朔州马家梁矿煤壁脆性破坏问题,采用二维离散元软件 UDEC 研究了煤样剥落形态,并与实验室试验中煤样破坏形态比对,分析了工作面前方顶煤的脆性破坏机理。

Shabanimashcool 等[31]基于有限差分数值模拟软件 FLAC3D,提出了渐进式模拟长壁工作面回采过程中"采空区顶板冒落—上覆岩层裂隙扩展—采空区压实"的算法,并应用此算法分析了工作面回采巷道的稳定性。

Li 等[32]针对我国某煤矿回风巷道超前工作面位置的煤与瓦斯突出问题,采用 FLAC3D 研究了双巷布置条件下煤柱的宽高比对巷道稳定性的影响,研究表明:当护巷煤柱的宽高比为 1.67 时,煤壁垂直集中应力远高于煤柱;当宽高比为 2.67 时,煤壁垂直集中应力则略低于煤柱。其研究成果为有冲击危险的巷道的煤柱尺寸设计提供了很好的依据。

Wang 等[33]以徐州矿区张双楼矿深井沿空巷道为工程背景,采用 FLAC3D 研究了煤柱破坏机理和围岩控制原理,提出了在煤柱帮补打护帮锚索的支护设计,并应用于现场试验。

上述近年来的有关数值模拟研究中围岩普遍采用莫尔-库仑模型或应变软化模型,如文献[30,32-34]对较软弱的煤层赋予应变软化特性,对其他岩层选用莫尔-库仑模型,而文献[29,31,35]则是对模型中所有岩层应用应变软化的力学模型。应变软化模型通过定义的力学参数(黏聚力、内摩擦角)与塑性变形的负相关关系,较好地模拟了岩石、岩体在达到强度极限后的力学性能弱化,并呈现残余强度的力学行为。

然而软弱、破裂岩体中岩石完整性、裂隙产状和发育程度会直接影响岩体的力学性能,这一点被许多学者所认同,并分别提出了岩体力学参数(尤其是杨氏模量)与裂隙发育程度的关系[36-38]。Hoek 等在多年的岩体力学研究经验基础上,提出了著名的胡克-布朗(Hoek-Brown)破坏准则和利用地质强度指标(Geological Strength Index,GSI)计算岩体杨氏模量的经验估算法,这些成果经过多次完善[36,39],在岩土力学、地下工程等领域得到普遍认可和广泛应用。Cai 等[37,40]改进和扩充了 GSI 体系,提出了岩体峰后杨氏模量的计算方法和峰后残余地质强度指标 GSI_r,其两个主要变量为岩石块体峰后体积 V_b^r 和残余节理状态参数 J_c^r。然而在当前数值模拟研究广泛采用的应变软化模型中,岩体的杨氏模量保持恒定,忽视了岩体峰后杨氏模量的变化,这一特征不能准确严谨地反映许多工程岩体的力学行为。因此,将围岩由裂隙扩展和松动破碎所造成的岩体杨氏模量劣化考虑在内,对于软弱围岩煤矿采煤工作面和巷道稳定性等的研究具有重要的科学意义和应用价值。

(3)裂隙岩体的非线性力学特性

节理的空间分布特征会对岩体宏观力学特性产生巨大影响,因为不同的节理分布会导致载荷的传递和分布产生很大的不同,进而影响新裂隙的萌生和扩展。而无论是物理试验还是数值试验,都很难直接从试验结果和过程中得到岩体破裂和力学特性之间的非线性关系,因此需要借助数学方法来进行分析。同时,由于现场取样困难与试验测试不稳定性,使得节理空间特征参数与岩体力学特性之间非线性关系的研究变得十分重要。

对于非线性关系的理论分析及基础研究方面,路德春等[41]通过对岩石材料的非线性强度特性进行分解计算,提出了统一强度理论建模思想,并在此基础上建立了广义非线性强度理论,为今后的岩石力学非线性问题提供了重要的理论支持;胡亚元等[42]在前人的研究基础上推导出动态刚度矩阵,并整合了节理和完整岩块的本构方程,以此建立了多节理岩体的非线性耦合损伤本构模型,该模型在节理岩体的研究中得到了广泛应用。但由于岩体的复杂性导致其非线性力学特性的分析变得极为困难,神经网络模型被逐步应用于岩体力学特性的非线性分析。

秦楠等[43]以砂岩为研究对象,利用 BP 神经网络模型预测高温损伤对于试样单轴压缩下力学特性的影响,并通过预测温度敏感区间内砂岩的单轴抗压强度,验证了 BP 神经网络模型在研究砂岩热损伤强度方面的可靠性;晏斌等[44]将 PSO-BP 神经网络应用于砂岩三轴抗压强度的研究,并以三峡库区的砂岩为研究对象,采用神经网络模型来预测其在温度、渗流、应力三场耦合作用下的三轴抗压强度,试验证明 PSO-BP 神经网络的预测精度要远高于传统 BP 神经网络;Jiang 等[45]通过数学计算的方法建立了一种新型的并行神经网络模型,并运用所建立模型对岩石的抗拉强度和抗拉弹性模量进行了预测,对比该神经网络模型预测所得 R^2 与 MSE,证明这种通过数学计算所得的并行神经网络模型相比传统神经网络模型具有更强的鲁棒性,只需较少的训练数据。

对于复杂问题的非线性关系研究,神经网络技术具有极大的优势,特别是随着近年来计算机技术的飞速发展,给予神经网络更大的应用空间。在生物识别、在线用户消费预测、人体行为识别等领域,神经网络应用都已十分成熟,而对于岩体的非线性力学特性研究,神经网络的应用还有所欠缺,尚需开发更为适合的神经网络模型与之匹配。

1.2.2 裂隙围岩巷道变形破坏机理研究现状

裂隙围岩一般由岩石基质和结构面构成,是具有各向异性的非均匀地质体。

在巷道开挖和服务过程中,由于节理、裂隙扩展诱发的冒顶和片帮等事故时有发生,可能造成严重的人员伤亡和经济损失。裂隙围岩巷道大变形以及破坏机理是煤炭开采亟待解决的问题,研究裂隙围岩巷道变形破坏机理,对确保裂隙围岩稳定性,保障煤炭资源安全高效开采具有重要的理论意义和工程价值。

(1) 裂隙围岩巷道变形破坏机理物理试验研究

目前,国内外学者通过单轴压缩试验、三轴压缩试验以及巴西劈裂试验等物理试验,利用自制或定制的试验装置在裂隙围岩巷道变形破坏机理方面进行了不少有益探讨。刘刚等[46]基于真三轴巷道平面应变模型试验,研究了不同节理倾角的巷道围岩破裂区的产生与扩展机理,分析了围岩破坏和碎胀变形的发展规律,发现当节理角度为 30°~75°时,节理倾角对岩体强度的影响较大,最大影响角度为 60°左右,此时围岩的强度最低,稳定性最差;李学华等[47]借助钻孔窥视的手段对不同含水条件下泥岩顶板围岩的裂隙演化规律和破裂特征进行了分析,发现围岩裂隙是由浅部向深部逐渐扩散的,裂隙发育存在饱和现象;杨拓等[48]利用 XRD 成分测试和 SEM 微观形貌观测的分析方法,结合单轴压缩试验,分析了岩石微观特征与围岩变形破坏之间的关系,发现巷道围岩微观结构松散、微裂隙发育、泥质胶结是巷道强度低的原因;张农等[49]基于泥岩全应力-应变加载过程的渗透特性试验,分析了掘巷影响区不同时空条件下巷道岩体裂隙的渐次发育过程,揭示了巷道围岩渗透特性的动态演化规律以及轴向、径向和环向 3 个方向的渗流特征。

(2) 裂隙围岩巷道变形破坏机理数值模拟研究

大量的实践证明:有限元、离散元等数值模拟方法在研究裂隙围岩应力和变形破坏等方面具有十分明显的优势。江东海等[50]为了研究复杂节理岩体巷道非均称底鼓机制,通过现场节理参数调查、优势节理组蒙特卡罗模拟和 Fish 语言编程,建立了复杂节理岩体巷道数值模型,认为不同的赋存情况底鼓量波动较大,导致巷道非均称底鼓;周泽等[51]采用 UDEC 离散元数值模拟软件对上行开采过程中采场采动裂隙、塑性区以及巷道围岩裂隙进行了系统的研究和分析,得出以下结论:采动作用下顶板巷道围岩破坏以巷道顶、底板破坏最为明显,靠近工作面侧的巷帮破坏较小;王超等[52]采用 FLAC3D 中 Interface 命令构建裂隙,分析了不同裂隙倾角和连通率的单裂隙条件下巷道开挖后顶板裂隙的力学行为、应力及其分布,揭示了顶板下沉与裂隙倾角和连通率呈现单调增(减)关系。

近年来,围绕裂隙围岩巷道变形破坏机理的研究,以围岩强度劣化、应力环境恶化及围岩结构性失稳大变形等问题为切入点,采用理论分析、数值模拟和现场试验等方法,从裂隙围岩巷道变形破坏机理出发,研究了围岩巷道微观损伤和裂隙演化尺度在宏观围岩破坏过程中的机理,这些研究对于指导后续裂隙围岩巷道支护、瓦斯治理、防治水等具有重要的理论意义和实践意义。

1.2.3 动载作用下巷道变形破坏机理研究现状

煤矿地下开采的特殊地质条件决定了巷道围岩支护技术的复杂性,国内外学者对巷道围岩支护理论也进行了大量探索,得到了许多宝贵的研究成果,如锚杆支护的悬吊理论、组合梁理论、新奥法、最大水平应力理论、围岩松动圈支护理论等经典理论。

于学馥等[53-54]提出了研究围岩稳定性问题的轴变论,即巷道轴比变化对围岩变形和破坏起重要控制作用,并阐述了围岩稳定的等应力轴比、应力分布轴比和围岩稳定轴比,讨论了巷道轴比与围岩稳定的关系。

方祖烈[55]根据十多年来软岩巷道大量现场实测资料,提出了主次承载区巷道维护理论,认为软岩巷道开挖后出现的围压拉压域分布是围岩力学形态变化的重要特征,围岩支护的主承载区为压缩区域,次承载区为支护形成的张拉区域,在主次承载区的共同作用下实现围岩稳定。拉压域在深部软岩巷道围岩中普遍存在,随围岩结构、性质以及支护方式、参数的不同而改变,是围岩变形破坏的重要特征之一。

何满潮等[56-57]研究发现巷道围岩破坏并非瞬时破坏,而是具有时间和空间效应的渐进力学过程,从空间上讲即从某个或几个部位的岩体开始发生损伤、破坏和变形,进而发展成为围岩或支护体的整体失稳,这些最先破坏的部位即关键部位,据此提出了关键部位耦合支护理论;研究总结了四种关键部位产生的力学机理:强度不耦合、正向刚度不耦合、负向刚度不耦合、结构不耦合;提出了关键部位的特征和识别准则;提出围岩与支护刚度和强度耦合的支护思想,能够充分释放碎胀等非线性能量,最大限度维持围岩承载能力,实现围岩与支护的载荷均匀化和支护一体化,最终使支护结构拥有充分的柔度以适应围岩大变形,同时有足够的刚度控制围岩进一步变形破坏。

侯朝炯等[58-59]通过研究揭示了锚杆支护的作用原理和围岩加固实质,提出了围岩强度强化理论,认为锚杆支护的实质是锚杆和受锚岩体通过相互作用形成统一承载结构,锚杆支护可以提高锚固岩体破坏前后的力学参数(杨氏模量、黏聚力和内摩擦角),有效改变围岩的应力状态,从而提高围岩承载能力,并通过相似材料模拟试验得到锚固岩体的力学性质和锚固效应与锚杆支护强度及密度成正比,为锚杆支护机理的研究提供了理论依据。美国学者 Bobet 提出了圆形巷道围岩受锚杆支护后的岩体等效杨氏模量解析解,与围岩强度强化理论异曲同工。

蒋金泉等[60-61]基于工程扰动下巷道复合围岩呈现的非匀称变形破坏现象,

提出了围岩弱结构概念,认为弱结构对围岩破坏和变形演化形态有重要作用,并按照地质复合结构和工程应力环境将围岩弱结构分为岩性弱结构、几何弱结构和应力弱结构三大类,其下分为十一种弱结构形式;与关键部位耦合理论相似,认为围岩首先从弱结构处发生破坏,进一步的恶化扩展使围岩整体发生灾变失稳、支护失效;提出了旨在改善弱结构体的力学性能与局部围岩应力状态的非匀称控制理念,认为控制弱结构的变形破坏,能够促使围岩和支护体形成共同承载结构。

何江等[62]通过建立坚硬顶板作用下的围岩力学模型,模拟分析了顶板破断产生震动波扰动巷道煤壁的动态响应规律,继而提出了顶板型冲击矿压机理。研究结果表明:巷帮水平应力变化是诱发巷道围岩冲击失稳的力学原因,同时在坚硬顶板环境下,冲击矿压类型均可划分为层间错动型和煤壁失稳型。

何江等[63]基于大量煤矿微震事件的调研结果,通过对煤矿原岩应力分布特征、煤矿动载来源、动载强度及应变率范围的归类总结,提出了煤矿采动动载与静载特征及其界定条件,利用 MTS-C64.106 电液伺服材料试验系统研究了不同动载作用下煤岩的力学特性,揭示了采动动载作用下煤岩破坏规律及诱冲机理。

Milev 等[64]通过在南非 Kopanang 矿进行了地下爆破诱发冲击地压及岩爆的现场试验,证实了动载荷诱发冲击地压和岩爆的可能性;在监测中同时发现了拉伸和剪切破裂震动,认为工作面煤壁前方围岩主要受剪切力作用,易产生以剪切断裂为主的强矿震事件,而在工作面采空区后方的顶板冒落和底鼓等以张性断裂为主,且震动能量较小。研究结果表明:矿井矿震分为两类,一类与矿井开采面的破裂与变形相关,另一类与矿井开采诱发的矿震受局部地质构造影响有关。

震源等效理论认为力作用在给定点上产生的位移与震源处产生的位移一致,这样的力称为震源等效力。Aki 和 Richards[65]基于对震源等效理论的研究,在空间中给出了新的 9 种力偶表达形式,旨在优化各种微震事件的震源力偶模型,并通过大量的矿井微震监测数据发现多数情况下支持双力偶模型。

夏昌敬等[66]基于分离式 Hopkinson 压杆测量岩体的动态力学特性,通过对不同孔隙率人造岩石释放冲击载荷,分析了冲击载荷下人造岩石能量耗散过程,旨在揭示孔隙率对人造岩石动态力学特性的影响;基于一维应力波理论提出了动载下砂岩的应力-应变关系曲线,这对数值模拟中力学模型的选择和参数优化具有深远意义。

高明仕等[67]从力学角度揭示了深部巷道复合顶板的冲击裂变失稳机制,确定了顶板失稳的条件及冲击动载作用下的复合顶板失稳演化规律,可根据顶板岩梁宏观主控裂隙的发育和顶板实际开裂程度分别呈 6 种顶板岩层动力破坏失稳的表现类型。

李新元等[68]对比了顶板破断前后工作面释放能量积散规律,推导出了弹性能量分布计算公式,提出了均布应力和增量应力作用下的坚硬顶板初次破断模型。研究认为:距工作面近的煤岩体内弹性能量积聚越多,顶板破断后产生冲击震源的区域极易成为发生压缩及反弹的空间区域,再基于 CDEM 软件模拟了巨厚砾岩层破断诱发冲击地压的力学机制。研究结果表明,冲击载荷引起巷道围岩的应力突增、加剧围岩变形速率及弹性能的释放,并持续波动一定时间,同时冲击影响结束后,巷道围岩应力峰值增大且向深部转移。

Lurka 等[69]结合 CT 成像技术分析了波兰 Zabrze Bielszowice 煤矿顶板破断型冲击矿压工作面的冲击危险性及危险区域,并通过力学建模分析了火成岩倾入对冲击矿压的影响。研究认为:"煤层-火成岩顶板"系统受火成岩厚度、剪切模量和抗剪强度影响可能诱发顶板型及煤柱型冲击,同时得出了冲击发生条件及发生类型的判别依据。

牟宗龙[70]通过煤岩冲击破坏试验,定义了冲能概念(即煤岩样冲击破坏时碎块冲出的动能),根据试验结果建立了煤岩冲击破坏力学模型,提出了冲能原理和冲能判断准则,同时将顶板岩层诱发冲击的机理分为"稳态诱冲机理"(处于稳定态岩层中)和"动态诱冲机理"(处于运动态岩层中)2 种类型,旨在揭示动载作用下的巷道诱冲机理。

宫凤强等[71]利用自主改进后的 Hopkinson 压杆试验机研究了动静组合加载下岩石试样的力学特性和动态强度准则,定义了应力波峰值因子和应力波上升沿时间因子两个系数,再基于三维数值模型,从弹性杆的轴向和径向传播两个方面,分析了矩形波、三角波和半正弦波在 5 种不同直径 Hopkinson 压杆试验机中的传播规律。研究认为:针对大直径的 Hopkinson 压杆试验机,半正弦应力波在传播过程中能够较好地满足一维应力假定,揭示了动静组合载荷对岩石破坏机制的影响。

彭维红、陈超凡等[72-73]分别利用 LS DYNA 和 UDEC 软件模拟分析了动载荷作用下巷道围岩的冲击破坏现象,分析了围岩弹性模量、开采深度、动载荷强度与冲击地压的关系。研究认为:动载荷越大,冲击破坏越严重;基于冲击启动等理论,选取弹性波作为动态冲击能量载体,对顶板断裂型冲击的弹性波激发、中途传播、煤壁处叠加这 3 个阶段进行了分析,建立了顶板断裂型回采巷道冲击波传播模型。

2 裂隙围岩巷道工程地质概况

随着开采条件的复杂化,巷道围岩裂隙发育程度较高,极大地影响了围岩空间的稳定性,造成大量巷道难以维护。为进一步深入研究裂隙岩体巷道变形规律和破坏特征,基于现场调研与实验室试验,分析了裂隙发育岩体巷道围岩力学特性和围岩变形破坏特征,为今后裂隙围岩巷道布置和支护设计提供依据。

2.1 现场工程地质概况

焦作煤业(集团)新乡能源有限公司赵固二矿位于太行山南麓,焦作煤田东部。该井田区域内地势平坦,交通便利。矿井设计年生产能力为 180 万 t,服务年限为 55.5 年,矿井地质储量为 3.39 亿 t,设计可采储量为 1.4 亿 t。矿井采用立井开拓,带区式准备方式和中央并列式通风,采煤工艺为综合机械化开采,采用后退式全部垮落法管理顶板。

赵固二矿主采二₁煤层,煤层倾角为 0°～11°,平均厚度为 6.16 m,煤层结构简单,层位稳定,煤质单一、变化小,全区可采,属于近水平稳定厚煤层。区内二₁煤为优质无烟煤,据钻孔煤芯资料统计,块煤产率达到 80%,视密度为 1.52 t/m³。工作面开采深度平均值为 652 m。二₁煤层直接顶岩性以泥岩、砂质泥岩为主,占赋煤面积的 70%,基本顶以粉砂岩、细粒砂岩为主。底板以砂质泥岩为主,到 L9 灰岩顶面之间的岩层组合厚度较薄。煤岩综合柱状图如图 2-1 所示。二₁煤层部分区域巷道顶板岩层剖面如图 2-2 所示。

2.2 裂隙围岩巷道围岩现场变形监测

11050 回风巷与 11070 工作面留设 30 m 的区段煤柱。工作面回采前,11050 回风巷仅受掘进影响以后,巷道围岩已经出现了大变形和严重破坏现象。如图 2-3 所示,巷道围岩破碎失稳、裂隙纵横;顶板下沉量大、两帮移近和底鼓严重,部分位置围岩移近量超过 1 200 mm,需反复人工扩帮、起底以维持巷道正常使用;顶板出现大变形"网兜",存在漏顶、冒顶隐患。工作面回采前巷道如此严

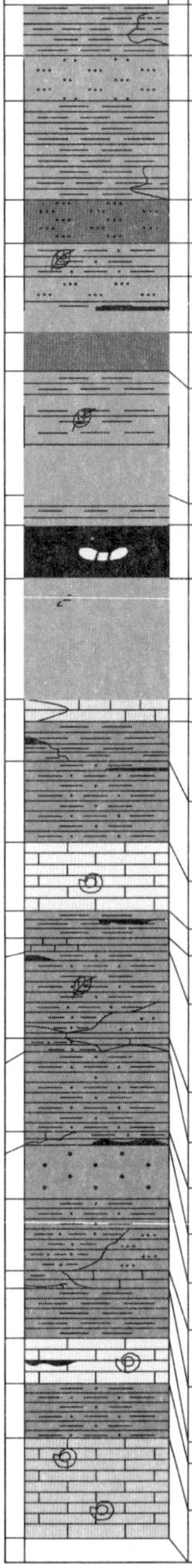

柱状	名称	层厚/m	岩 性 描 述
	小紫泥岩	5.53	浅灰—深灰色，局部夹杂砂质泥岩，产植物化石碎片，含铝质及菱铁质鲕粒，具斜层理。
	中-细粒砂岩	5.00	深灰色，成分以石英为主；含长石及暗色矿物，局部具泥质包体，直径4～15 mm泥质胶结。
	泥岩	10.97	灰色具鲕状，中夹黑色泥岩薄层，产植物化石碎片，下部为黑色砂质泥岩。
	香炭砂岩	5.76	黑灰色，成分以长石、石英为主，硅泥质胶结，含菱铁质及泥质包体。
	砂质泥岩	8.08	黑色，顶部为泥岩，夹缓波状层理薄层砂岩。
	细粒砂岩	7.08	灰黑色颗粒，成分主要为石英，并含长石及暗色矿物，夹有中粒砂岩，灰色，成分以石英为主，长石及暗色矿物次之，层面富集。
	大占砂岩、粉砂岩	0.87～2.32	含白云母片，分选中等，显斜层理硅泥质胶结，石英颗粒从上到下由细变粗，是见二₁煤的主要标志。
	砂质泥岩、泥岩	13.17～13.98	黑色，含云母片，有时局部夹薄层砂岩，含鲕状和豆状菱铁质结核及黄铁矿结核，产植物化石。
	泥岩	0.50～3.43	黑色，局部炭砂质，水平层理，植物化石较多。
	二₁煤	6.65～5.62	黑色亚金属光泽，块状，少量粉状，煤层结构简单，部分含夹矸一层。
	砂质泥岩、泥岩	11.27～13.98	深灰色，上部产植物化石，下部含白云母碎片和菱铁质，具水平层理，含二₀煤层。
	L9灰岩	1.94～2.05	深灰色，局部产蜓科化石，发育的裂隙被方解石脉充填，灰岩有时分为二层或尖灭，被泥岩替代。
	泥岩	5.23	深灰色，上部有薄层菱铁质泥岩，性脆坚硬。
	砂质泥岩	9.21～11.20	灰黑色，呈水平层状，含少量白云母片，中下部有一层菱铁质泥岩，裂隙充填方解石脉比例大，底部为薄层泥岩，顶部偶见一₉煤层位。
	L8灰岩	8.22～8.61	深灰色，隐晶质结构，含有燧石，具裂隙及方解石脉，含星点状黄铁矿。
	泥岩	1.88	黑色，含炭质，上部夹砂质泥岩，含薄煤层一层。
	L7灰岩	5.70	灰色，隐晶质含大量动物化石，下部有时为砂质泥岩或薄煤层一层。
	砂质泥岩	19.71	灰—深灰色，含白云母片及植物化石，具水平层理，底部常为灰黑色中粒砂岩，石英含量增加，并含黄铁矿晶体。
	L6灰岩	2.33	灰色，致密坚硬，含燧石结核，底部有时为砂质泥岩或薄煤一层。
	砂质泥岩	3.09	深灰色，上部为泥岩，中下部为薄层细砂岩，含白云母片及植物化石。
	L5灰岩	4.98	深灰色，性脆坚硬不稳定，有时相变为泥岩或砂质泥岩。
	中-粗粒砂岩	1.63	浅灰色，成分以石英为主，长石及暗色矿物次之，局部含巨粒砂岩，分选性较差。
	砂质泥岩	0.26	深灰—灰黑色，顶部为薄层泥岩，中下部夹细砂岩。
	L4灰岩	2.68	灰黑色，隐晶质含蜓科化石，下部有时为泥岩或薄煤一层。
	泥岩	7.14	灰黑色，上部为中粒砂岩，成分以石英为主，下部为黑色泥岩，具星点状黄铁矿。
	L3灰岩	12.53	灰色，致密坚硬含蜓科化石，偶夹有薄煤一层。
	砂质泥岩	0.08	灰—灰黑色，含黄铁矿结核，中间夹有薄层细砂岩。
	L2灰岩	14.31	深灰色，隐晶质，致密坚硬，含燧石条带，产大量蜓科化石，具裂隙及小溶洞。

图 2-1 煤岩综合柱状图

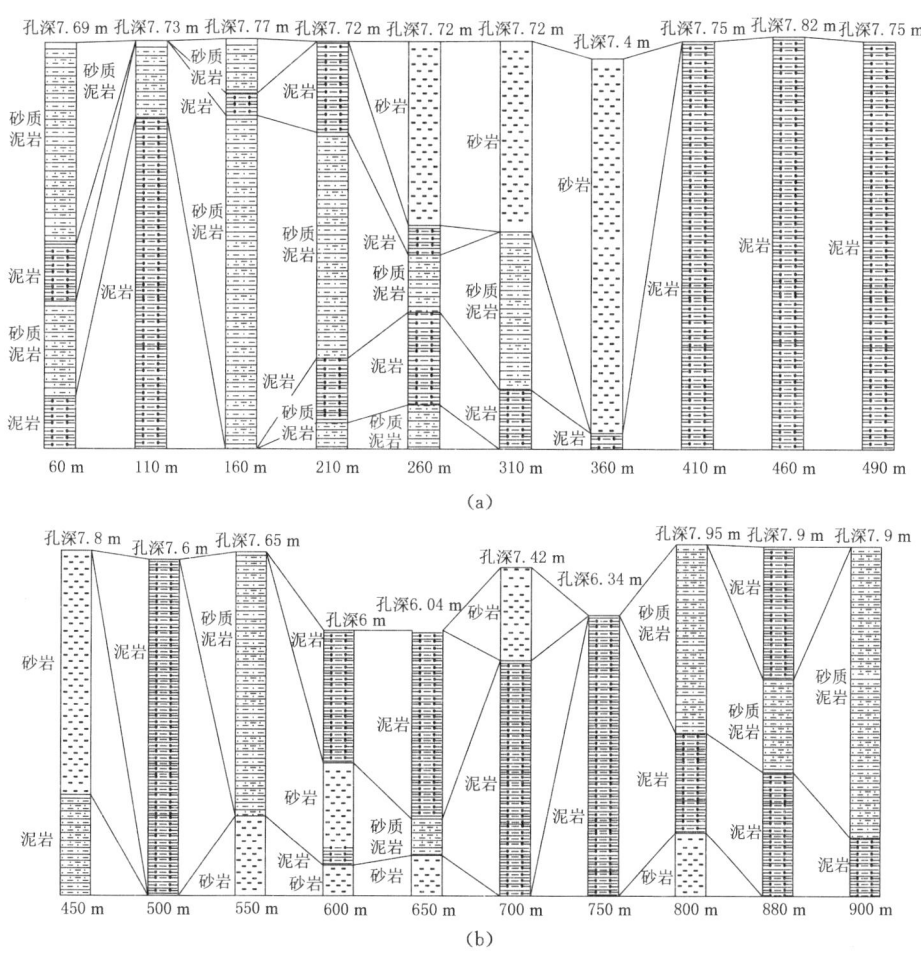

图 2-2 二₁煤层部分区域巷道顶板岩层剖面

重的变形破坏,极大地影响了煤矿安全高效生产。

为了深入研究破碎围岩回采巷道的变形破坏机理,为类似条件的巷道布置及支护设计提供指导和依据,开展了 11050 工作面回风巷围岩变形监测,为巷道破坏机理与控制技术研究提供翔实可靠的现场资料。

巷道围岩表面位移是衡量围岩稳定性、支护可靠性等工程研究最直接的指标。为监测巷道围岩变形,紧随巷道掘进工作面布置表面位移测站,在 11050 工作面回风巷通尺 110~812 m 范围内布置测站 42 个,各测站在成巷后即开始采用十字布点法进行顶底板移近量及两帮移近量测量,如图 2-4 所示。

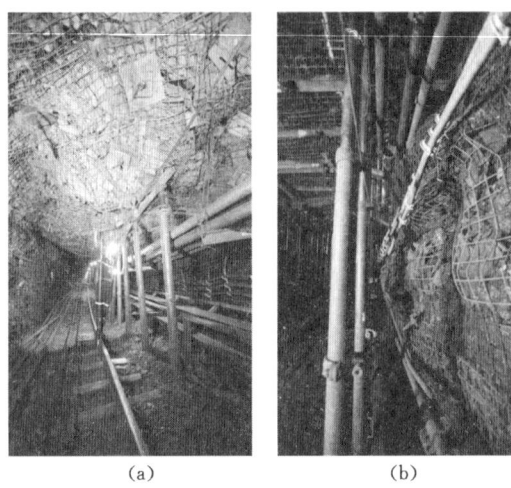

(a)   (b)

图 2-3　运输巷道掘进期间围岩大变形

图 2-4　运输巷道表面位移实地监测作业

    对 11050 工作面回风巷掘进期间 42 个表面位移测站进行数月连续监测,其中测站 11(通尺 255 m)、测站 24(通尺 529 m)、测站 35(通尺 734 m)和测站 41(通尺 802 m)的围岩变形过程如图 2-5 所示。

    图 2-5(a)为布置于巷道掘进通尺 255 m 处测站 11 的围岩表面位移曲线,监测时段为 1 月 30 日至 5 月 10 日,共 100 天,其中 2 月 15～23 日测点被物料遮挡致使数据缺失。可见,监测期间巷道围岩持续变形且变形剧烈,两帮煤体变形最显著,移近量达到 517 mm,平均移近速率为 5.2 mm/d;底鼓变形次之,底鼓量为 240 mm,平均底鼓速率为 2.4 mm/d;顶板下沉相对前两者较小,下沉量为 163 mm,平均下沉速率为 1.6 mm/d。

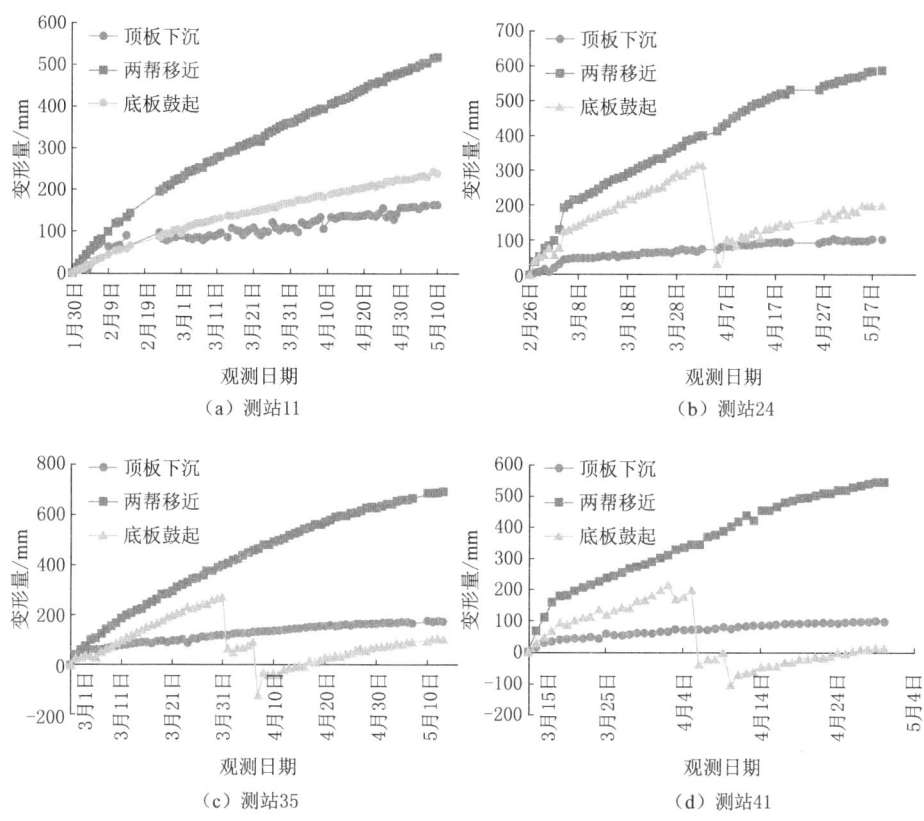

（a）测站11　　　　　　　　（b）测站24

（c）测站35　　　　　　　　（d）测站41

图 2-5　围岩表面位移监测曲线

　　图 2-5（b）为布置于巷道掘进通尺 529 m 处测站 24 的围岩位移曲线,监测时段为 2 月 26 日至 5 月 9 日,共 72 天,其中 4 月 3 日至 4 月 4 日实施人工起底作业,4 月 20 日至 4 月 27 日因测点被物料遮挡,致使数据缺失。可见监测期间两帮及底板持续变形,变形剧烈。两帮煤体变形最为显著,移近量达到 587 mm,平均移近速率为 8.2 mm/d;底鼓变形严重,为保证巷道正常使用,于 4 月 3 日至 4 月 4 日进行人工起底,监测期间累计底鼓量为 476 mm,平均底鼓速率为 6.6 mm/d;顶板下沉量较小,下沉量为 103 mm,平均下沉速率为 1.4 mm/d。

　　图 2-5（c）为布置于巷道掘进通尺 734 m 处测站 35 的围岩表面位移曲线,监测时段为 3 月 1 日至 5 月 13 日,共 73 天,其中 5 月 7 至 5 月 10 日因测点被物料遮挡,致使数据缺失。可见,监测期间两帮移近量达到 691 mm,平均移近速率为 9.5 mm/d,两帮煤体变形剧烈;底板变形严重,于 3 月 31 日和 4 月 7 日两次进行人工起底,累计底鼓量达到 522 mm,平均底鼓速率为 7.2 mm/d;顶板下沉

量相对前两者较小,下沉量为 173 mm,平均下沉速率为 2.4 mm/d。

图 2-5(d)为布置于巷道掘进通尺 802 m 处测站 41 的围岩表面位移曲线,监测时段为 3 月 15 日至 4 月 30 日,共 46 天。可见,与其他测站围岩变形规律相同,两帮煤体变形最为剧烈,移近量达到 545 mm,平均移近速率为 11.8 mm/d;前期底鼓变形严重,为保证巷道正常使用,于 4 月 5 日和 4 月 9 日进行人工起底,监测期间累计底鼓量为 370 mm,平均底鼓速率为 8.0 mm/d;顶板下沉较小,顶板下沉量为 98 mm,平均顶板下沉速率为 2.1 mm/d。

通过对 11050 工作面回采巷道围岩位移过程的实际监测分析,可以得到裂隙巷道围岩变形特征。

(1)在留设区段煤柱宽度为 30 m 巷道掘进试验条件下,巷道掘进以后围岩持续变形,保持一定的变形速率,且变形速率随时间推移并没有明显降低,即 30 m 煤柱巷道掘进发生了持续蠕变变形,处于不稳定变形状态。

(2)沿煤层顶板巷道掘进试验中,顶板岩层为泥岩和砂质泥岩,而两帮和底板均为相对软弱的煤体,巷道掘进影响期间两帮和底板变形显著大于顶板下沉,两帮和底板煤体的变形量大,蠕变性强。两帮移近量高达 517~691 mm,平均移近速率为 5.2~11.8 mm/d;顶板下沉速率平稳,下沉变形较小,但部分地段顶板破碎而产生大变形"网兜"。

(3)留设 30 m 区段煤柱和原支护设计的现场试验表明:巷道变形断面不能满足生产要求,掘进期间需要起底,工作面回采前需要超前进行大规模扩帮,影响了生产效率,增加了生产成本。

(4)需要以现场试验为基础,深入研究裂隙巷道围岩应力状态、两帮煤体变形效应与围岩变形破坏机理、围岩稳定性的煤柱尺寸效应及影响规律、窄煤柱巷道围岩控制原理与技术,提高裂隙巷道的围岩控制效果,为巷道布置和支护设计提供依据。

3 煤岩体力学特性与裂隙扩展耦合演化规律

为能够更加真实地反映原煤应力状态下的复杂节理空间演化规律以及复杂节理空间分布特征对煤体力学行为的影响,本章采用三轴压缩的方式模拟原煤应力状态,同时利用 CT 扫描技术提取煤体原生裂隙,并与破坏后煤体发育裂隙进行对比,结合三轴压缩应力-应变曲线初步探寻复杂节理空间分布特征与煤体力学特性的关系。

3.1 巷道围岩物理力学特性

岩石物理力学特性是进行围岩稳定性分类与支护设计、边坡优化设计与稳定性评价、地下工程设计等的重要依据。由实验室试验获取的岩石物理力学参数是估算岩体力学参数、计算理论解析解和数值模拟等研究的关键基础数据。

巷道岩石试样采自赵固二矿二₁煤层顶板 20 m 和底板 15 m 范围内,按照《煤与岩石物理力学性质测定的采样一般规定》(MT 38—1987)加工成标准试样,采用 RMT-150 型伺服试验机,分别进行了单轴压缩试验、常规三轴压缩试验、巴西劈裂试验等岩石力学试验,测定了二₁煤层及其不同层位顶底板岩石的自然视密度、抗拉强度、抗压强度、杨氏模量等参数,煤岩物理力学试验测试结果见表 3-1,部分试样及试验后的破坏形态见图 3-1,代表性试验曲线见图 3-2。

从表 3-1 可以看出,在二₁煤层顶底板中,砂岩和石灰岩的抗压强度、抗拉强度、杨氏模量等力学参数均明显大于泥岩和砂质泥岩,砂岩和石灰岩为具有较高完整性和强度的坚硬岩石,泥岩与砂质泥岩物理力学性质差距较小,属于中硬岩石。但是由较低的抗拉强度可知顶底板泥岩和砂质泥岩的节理裂隙较发育。

二₁煤层的抗压强度为 15.7～25.4 MPa,抗拉强度为 0.12～1.23 MPa,杨氏模量为 2.19～3.22 GPa,属于中等偏硬煤层。

表 3-1 煤岩物理力学试验测试结果

岩石层位	岩性	视密度 /(kg/m³)	抗拉强度 /MPa	抗压强度 /MPa	杨氏模量 /GPa	泊松比
顶板	砂岩	$\dfrac{2\,718\sim2\,841}{2\,777}$	$\dfrac{9.46\sim11.70}{10.91}$	$\dfrac{71.6\sim99.4}{83.6}$	$\dfrac{17.6\sim49.7}{31.6}$	$\dfrac{0.24\sim0.35}{0.28}$
	砂质泥岩	$\dfrac{2\,582\sim2\,618}{2\,591}$	$\dfrac{1.84\sim3.96}{2.81}$	$\dfrac{43.7\sim48.1}{46.2}$	$\dfrac{9.1\sim11.9}{10.4}$	$\dfrac{0.20\sim0.31}{0.25}$
	泥岩	$\dfrac{2\,718\sim2\,841}{2\,777}$	$\dfrac{1.76\sim3.32}{2.34}$	$\dfrac{32.5\sim47.7}{38.2}$	$\dfrac{7.7\sim11.4}{9.5}$	$\dfrac{0.23\sim0.32}{0.29}$
煤层	二₁煤	$\dfrac{1\,413\sim1\,445}{1\,435}$	$\dfrac{0.12\sim1.23}{0.72}$	$\dfrac{15.7\sim25.4}{20.4}$	$\dfrac{2.19\sim3.22}{2.81}$	$\dfrac{0.30\sim0.49}{0.37}$
底板	砂质泥岩	$\dfrac{2\,600\sim2\,678}{2\,629}$	$\dfrac{1.23\sim3.17}{2.47}$	$\dfrac{22.0\sim61.2}{41.8}$	$\dfrac{5.5\sim12.6}{9.9}$	$\dfrac{0.21\sim0.28}{0.23}$
	石灰岩	2754	13.52	99.6	82.6	0.22

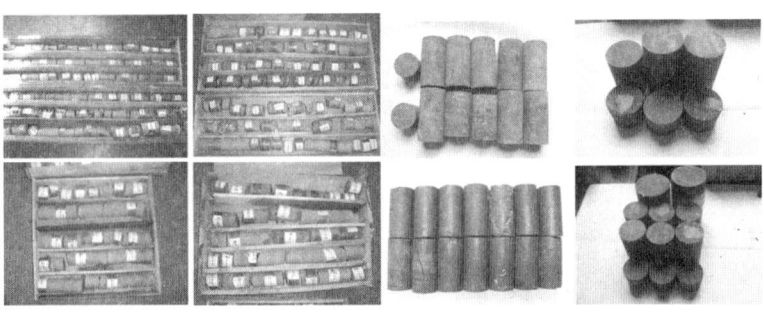

（a）二₁煤层岩芯   （b）岩石试样

（c）试验后破坏形态

图 3-1 物理力学性质试验试样

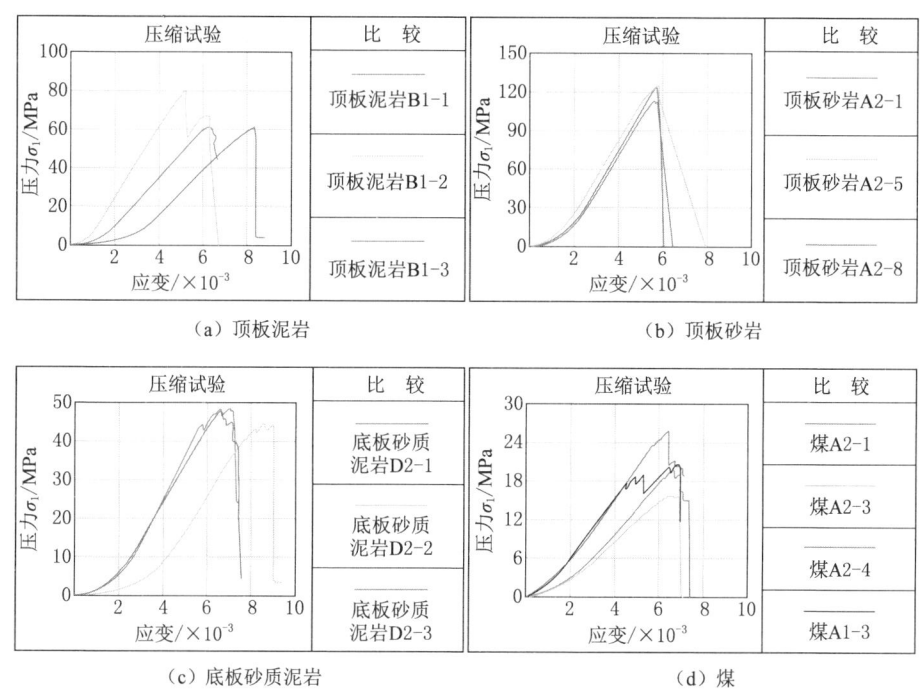

图 3-2 煤岩单轴压缩试验应力-应变曲线

3.2 裂隙岩体的强度特征分析

由于岩体中结构面的存在,使得岩体与完整岩石(不含结构面岩体)的强度特征之间存在较为明显的差异。一方面,它受到岩石材料自身的物理性质影响,此外,它还受到结构面的发育程度及空间组合的控制[74]。图 3-3 给出了裂隙岩体强度特征与岩石强度特征的区别,在正应力作用下,裂隙强度显著低于岩石强度,而裂隙岩体的强度则以完整岩石强度作为上限,裂隙强度作为下限,处于裂隙强度与完整岩石强度之间。下面对不同组成结构的裂隙岩体进行分析。

3.2.1 单一裂隙强度效应

Jeager 等首次提出了基于 Mohr-Coulomb 准则的裂隙岩体强度模型,并在此基础上了提出了"单弱面理论",为研究裂隙对岩体强度的影响奠定了良好的基础。

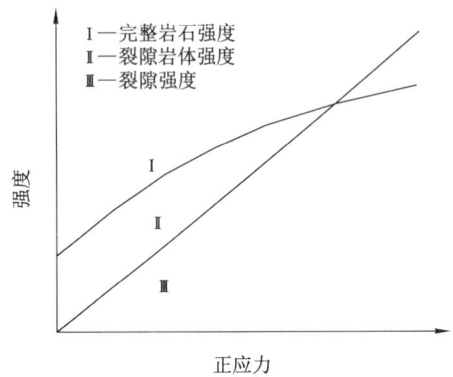

图 3-3 裂隙岩体强度特征与岩石强度特征的区别

假设试样中含一贯通裂隙结构面,结构面的外法线与最大主应力之间的夹角为 α,如图 3-4 所示,在进行裂隙结构面力学效应分析时,假设给定参数已综合考虑结构面的粗糙度等因素对其强度的影响,故不再考虑结构面不同破坏机理的作用。根据莫尔应力圆理论可知,作用于结构面上的法向应力 σ 和剪切应力 τ 为:

$$\left.\begin{array}{l} \sigma = \dfrac{(\sigma_1 + \sigma_3)}{2} + \dfrac{(\sigma_1 - \sigma_3)}{2}\cos 2\alpha \\[2mm] \tau = \dfrac{(\sigma_1 - \sigma_3)}{2}\sin 2\alpha \end{array}\right\} \qquad (3-1)$$

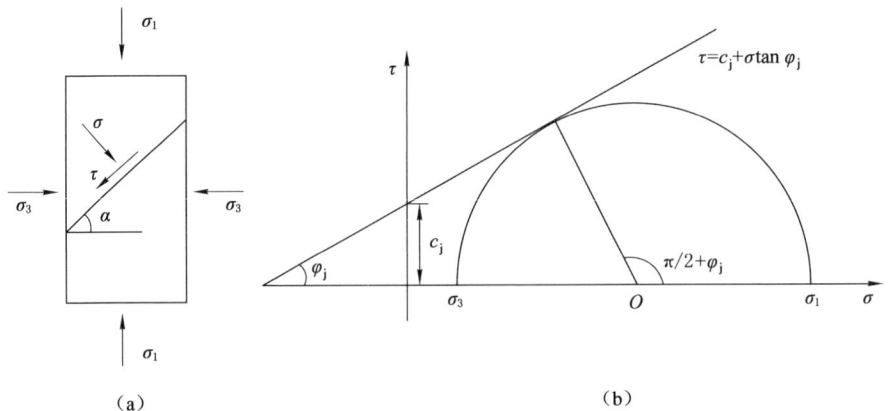

| (a) | (b) |

图 3-4 单一裂隙结构面理论分析图

假设完整岩石及裂隙结构面的强度特征均满足 Mohr-Coulomb 强度准则,则:

$$\tau = c + \sigma \tan \varphi \quad (\text{岩石})$$
$$\tau = c_j + \sigma \tan \varphi_j \quad (\text{裂隙结构面})$$
$$\tag{3-2}$$

式中,c、φ 为岩石的黏聚力和内摩擦角;c_j、φ_j 为裂隙结构面的黏聚力和内摩擦角。

将式(3-1)代入式(3-2)整理可得沿结构面发生剪切破坏的条件,即

$$\sigma_1 = \frac{2c_j + 2\sigma_3 \tan \varphi_j}{(1 - \tan \varphi_j \cot \beta)\sin 2\alpha} + \sigma_3 \tag{3-3}$$

其物理含义为:作用于岩体上的正应力满足式(3-3)时,裂隙结构面上的应力达到极限平衡状态。

岩体破坏模式则取决于裂隙结构面的外法线与最大主应力的夹角 α 的大小,由式(3-3)可知:

$$\left.\begin{array}{l} \alpha \to \varphi_j \text{ 时,} \quad \sigma_1 \to \infty \\ \alpha \to \dfrac{\pi}{2} \text{ 时,} \quad \sigma_1 \to \infty \end{array}\right\} \tag{3-4}$$

当 $\alpha = \pi/2$ 和 $\alpha = \varphi_j$ 时,试样不会沿结构面发生破坏,而是沿岩石内部某一方向发生破坏。

将式(3-3)对 α 求导,令其一阶导数为 0,可求得满足 σ_1 取最小值 σ_{1min} 的条件为:

$$\alpha = \frac{\pi}{4} + \frac{\varphi_j}{2} \tag{3-5}$$

将式(3-5)代入式(3-3)可得:

$$\sigma_{1min} = \frac{2c_j + \sigma_3 \tan \varphi_j}{\sqrt{1 + \tan^2 \varphi_j} - \tan \varphi_j} + \sigma_3 \tag{3-6}$$

此时,莫尔应力圆与结构面的强度包络线相切,如图 3-5 所示。

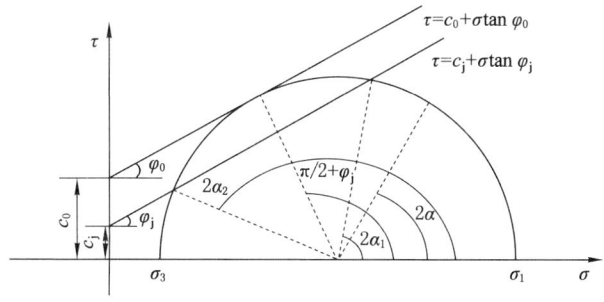

图 3-5 单一裂隙结构面岩体强度分析

若岩体并非沿结构面发生破坏,而是沿岩石的某一方向发生破坏,此时岩体强度等于岩石(岩块)强度,破坏面与主应力的夹角为:

$$\alpha_0 = \frac{\pi}{4} + \frac{\varphi_0}{2} \tag{3-7}$$

此时岩石的强度为:

$$\sigma_1 = \frac{2c_0 + \sigma_3 \tan \varphi_0}{(1 - \tan \varphi_0 \cot \alpha) \sin 2\alpha} + \sigma_3 \tag{3-8}$$

式中,c_0、φ_0分别为结构面的黏聚力和内摩擦角。

根据莫尔强度包络线及莫尔应力圆的关系可判断试样是否发生破坏及破坏方向,$\tau_j = c_j + \sigma \tan \varphi_j$为结构面的强度包络线,$\tau = c_0 + \sigma \tan \varphi_0$为岩石(岩块)的强度包络线。

根据莫尔强度理论可知,若应力圆上的点落在强度包络线以下,则不会沿截面发生破坏。当结构面与σ_1的夹角α满足下式:

$$2\alpha_2 \leqslant 2\alpha \leqslant 2\alpha_1 \tag{3-9}$$

此时,试样将不会沿结构面发生破坏。

当α满足式(3-8)时,此时莫尔应力圆与岩石强度包络线相切,试样不会沿结构面发生破坏,而是沿$\alpha_0 = \pi/4 + \varphi_0/2$的一个岩石截面发生破坏。

α_1、α_2可由下列计算确定:

根据正弦定理可知:

$$\frac{\dfrac{(\sigma_1 - \sigma_3)}{2}}{\sin \varphi_j} = \frac{\dfrac{(\sigma_1 + \sigma_3)}{2} + \dfrac{c_j}{\tan \varphi_j}}{\sin(2\alpha - \varphi_j)} \tag{3-10}$$

经整理及三角函数的和差与积的关系可得:

$$2\alpha_1 = \pi + \varphi_j - \arcsin\left(\frac{\sigma_m + c_j \cot \varphi_j}{\tau_m} \sin \varphi_j\right)$$

$$2\alpha_2 = \varphi_j + \arcsin\left(\frac{\sigma_m + c_j \cot \varphi_j}{\tau_m} \sin \varphi_j\right) \tag{3-11}$$

式中

$$\sigma_m = \frac{\sigma_1 + \sigma_3}{2}, \tau_m = \frac{\sigma_1 - \sigma_3}{2} \tag{3-12}$$

当σ_3为定值时,岩体的强度σ_1与α的关系如图3-6所示,水平线与结构面破坏曲线相交于a、b两点,分别对应于α_1、α_2,其物理含义为:含单一结构面的试样既沿结构面发生滑移破坏又将发生完整岩石的剪切破坏(混合破坏)。当$\alpha_1 < \alpha < \alpha_2$时,表示岩体将沿结构面发生破坏;当$\alpha < \alpha_1$或$\alpha > \alpha_2$时,此时岩体强度取决于岩石强度,与结构面的存在无关。

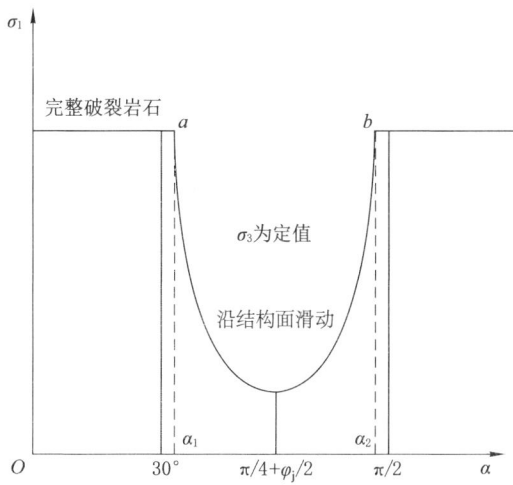

图 3-6 结构面力学效应(σ_3 为常数时，σ_1 与 α 的关系)

3.2.2 多裂隙强度效应

当岩体中含两组及以上相交裂隙结构面时，岩体强度条件的确定要比含一组结构面复杂得多。当岩体含多组相交结构面时，理论上岩体强度可采用"单弱面理论"进行求解，根据最弱面来确定岩石的破坏形式。Hoek 等建议当岩体中含多组结构面时，其力学效应应从单个结构面力学效应引申求解，其强度可依据叠加后取最低值进行确定[75]。

现对含两组裂隙的岩石进行简单分析，如图 3-7 所示。

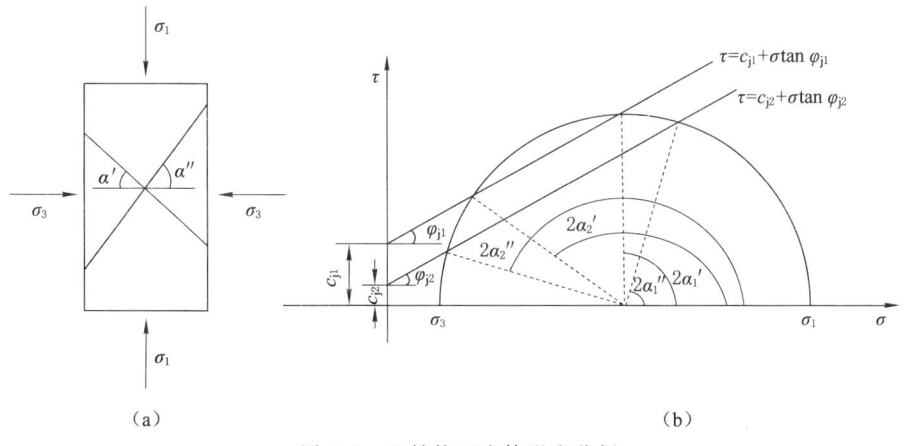

图 3-7 双结构面岩体强度分析

首先，绘制两组结构面及岩石强度包络线和受力状态莫尔应力圆。若第一组结构面的受力状态点落在第一组结构面的强度包络线 $\tau = c_{j1} + \sigma \tan \varphi_{j1}$ 上或其之上，即第一组结构面与 σ_1 的夹角 α 满足 $2\alpha'_1 \leqslant 2\alpha \leqslant 2\alpha'_2$，则岩体将沿第一组结构面发生破坏；若 α' 满足 $2\alpha'_2 \leqslant 2\alpha \leqslant 2\alpha'_1$，则岩体不沿第一组结构面发生破坏；若此时第二组结构面与 σ_1 的夹角 α'' 满足 $2\alpha''_1 \leqslant 2\alpha \leqslant 2\alpha''_2$，则岩体将沿第二组结构面发生破坏。若两组结构面的受力状态均落在其相应的强度包络线之下，即

$$2\alpha'_2 \leqslant 2\alpha \leqslant 2\alpha'_1$$
$$2\alpha''_2 \leqslant 2\alpha \leqslant 2\alpha''_1$$

(3-13)

此时，莫尔应力圆已和岩石的强度包络线相切，岩体将不沿两组结构面发生破坏，而是沿着 $\alpha_0 = \pi/4 + \varphi_0/2$ 的岩石截面发生破坏。

由于岩体中裂隙非常发育，且分布方式具有多样性和随机性，此时很难满足式(3-13)所列的条件，则岩体必然沿其中某一结构面发生破坏。试验结果表明：随着岩体内部结构面数量的增多，岩体强度趋于各向同性，岩体的整体强度大大降低。

3.3 煤岩体力学特性与裂隙扩展耦合演化规律

煤岩微观破裂特征可反映外在载荷对其破裂机制的影响。现阶段，国内外学者主要通过扫描电镜技术(SEM)、CT扫描、电子微探针分析(EMPA)、压汞测孔仪(MIP)及电磁辐射法等手段开展对煤岩微观破裂机制的研究。CT扫描技术是目前应用最为广泛的无损三维成像技术，其最大的优势是可以在不引入人为缺陷的情况下原位反映样品内部的空间结构，主要包括裂隙、有机质及矿物(杂质)[76]。本节通过对加载前后的煤岩试样进行CT扫描，采用三维可视化软件AVIZO对试样进行三维重构，基于图像处理技术对裂隙结构进行分离提取，定量分析煤岩样内部裂隙结构空间特征，并结合其应力-应变关系曲线、裂隙发育特征、煤岩破裂形态，揭示外部载荷作用下煤岩内部裂隙结构演化规律。

3.3.1 试验设备及方案

本次试验采用X射线三维显微 nanoVoxel-4000CT 扫描系统，如图 3-8 所示，其主要组成部分包括：

(1) 由X射线、探测仪及扫描机械系统等组成的高分辨率CT扫描系统。

(2) 数据采集系统。探测器输出的信号由计算机读入，其主要技术指标包含：通道数目、AD变换尾数及数据处理速度。

(3) 计算机系统图像及存储系统。

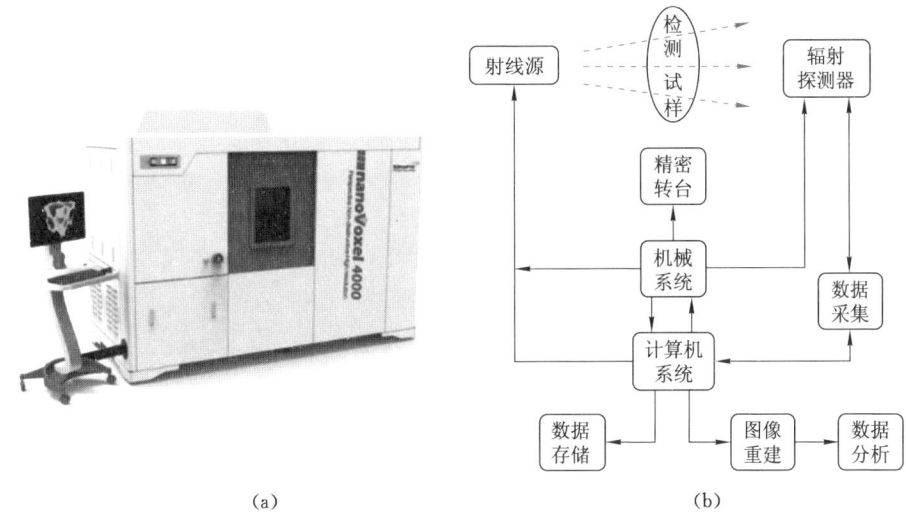

（a）   （b）

图 3-8　高分辨 CT 扫描系统

高分辨率 CT 扫描系统的工作原理：由射线源发射 X 射线穿透被检测试样，同时将样品和射线源及探测器进行 360°的相对旋转，辐射探测器所接受射线衰减信息后，将其转换为可见光并通过光电转换器转变成电信号，再由数字转换器将电信号转化为数字信号，最终由数字图像处理系统将检测试样的 CT 图像进行展示。其内部结构及成像原理如图 3-9 所示。

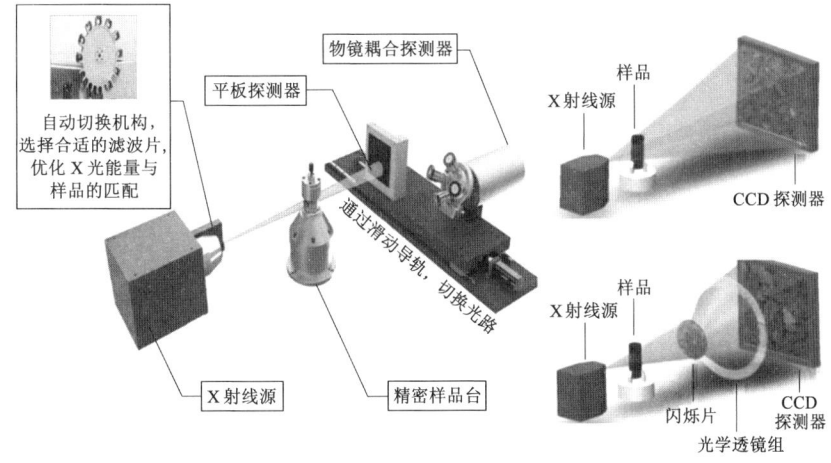

图 3-9　内部结构及其成像原理

CT 扫描技术的基本原理:射线源发出的 X 射线在射穿物体的过程中,试样会使 X 射线的强度产生一定的衰减,其衰减特征服从 Beer 定律,即

$$I = I_0 \exp(-\mu x) \tag{3-14}$$

式中 I——X 射线穿透物体后的强度;

I_0——X 射线穿透物体前的强度;

μ——被检测物体的衰减系数;

x——入射 X 射线的穿透长度。

高分辨率 CT 扫描的显著特点包括:

(1) 无损、透视、高分辨率、三维成像,可以在无损情况下通过大量的图像数据对很小的特征进行展示及分析;

(2) CT 图像反映的是 X 射线在穿透物体过程中的能量衰减程度信息,样品内部结构的相对密度与 CT 图像的灰度正相关。

对标准煤岩样进行常规压缩试验,在加载前后分别对试样进行 CT 扫描试验,获取其内部裂隙结构信息。试验时对试样施加 10.0 MPa 围压。加载过程中,首先以 0.025 MPa/s 的加载速率逐步施加至预定围压值,待围压稳定后以位移控制方式增加轴压至试样破裂失稳,其中轴向位移加载速率为 0.001 mm/s。

3.3.2 加载前煤岩裂隙结构的识别

煤岩样通过 CT 扫描,得到初始的 CT 透射图像。该透射图像能够反映 X 射线穿透整个试样后的衰减信号,通过透过能力的强弱确定图像灰度值的大小。根据物质密度,可将试样中所含物质分为三类:高密度的矿物质、低密度的裂隙及介于二者之间的煤岩基质,密度大的呈白色,密度小的呈黑色,密度位于中间时灰度介于黑白之间,如图 3-10 所示(可扫描二维码查看)。可以看出:煤样内部主要包含矿物质,未见明显裂隙,而岩样内部除矿物质外还有明显裂隙。

为提取煤岩样内部的裂隙结构信息,依据不同结构所表现出的灰度差异,通过设置阈值,将灰度值在某一范围内的目标进行分离提取,提取结果如图 3-11 所示。

裂隙的空间分布特征对煤岩体强度有着较大的影响,二维扫描图像仅能反映试样局部裂隙分布情况,很难准确对岩石内部裂隙结构作出评价,因此需对不同角度的透射图进行三维重构,进而形成完整的扫描数据体,利用图像处理软件将获取的信息转变为灰度图像。如图 3-12 所示,该模型中红色表示裂隙,黄色表示矿物,灰色表示岩基质,图 3-12(a) 为初始岩样,图 3-12(b) 为经过阈值分割后构建的三维可视化模型,图 3-12(c)、图 3-12(d) 则是在图 3-12(b) 的基础上分离提取的裂隙及矿物质结构,通过三维可视化模型能够直观表示裂隙、矿物质结构在岩样中的分布情况。

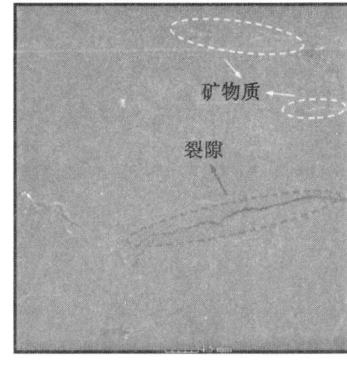

图 3-10　基于 CT 扫描的三维透视图

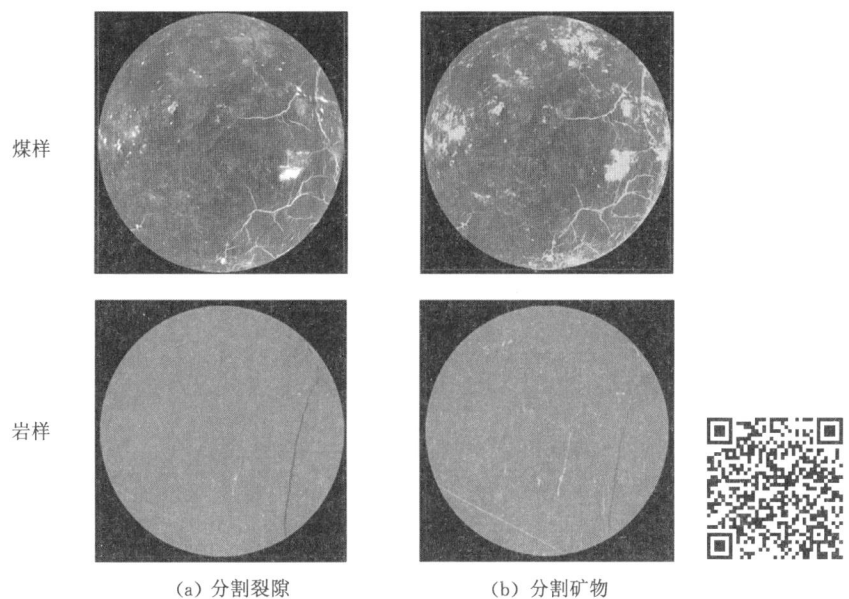

（a）分割裂隙　　　　　　　　　（b）分割矿物

图 3-11　煤岩样的图像阈值分割

3.3.3　载荷作用下煤岩内部破坏特征分析

应力、应变是承载煤岩宏观力学性质的重要体现，其变化特征可表征煤岩在外部载荷作用下损伤演化不同阶段的分界点，是研究煤岩损伤演化规律的重要指标。

起裂强度 σ_{ci}、损伤强度 σ_{cd}、峰值强度 σ_{cf} 是表征煤岩损伤演化过程中力学性质的重要特征强度点。裂纹体积应变-轴向应变曲线近水平线段结束开始向下

煤样

岩样

（a）原始试样　　（b）三维可视化模型　　（c）裂隙　　（d）矿物质

图 3-12　煤岩样的三维重构模型

弯曲时的应力水平称为裂纹起裂强度，该点过后内部微裂纹开始扩展，裂纹体积开始膨胀，承载煤岩由弹性变形阶段进入裂纹稳定扩展阶段。承载煤岩总体积应变-轴向应变曲线的拐点或极大值点（由压缩变形转变为体积膨胀）所对应的应力水平称为裂纹损伤强度，是微裂纹非稳定扩展的起点，承载煤岩由裂纹稳定扩展阶段进入裂纹非稳定扩展阶段。

　　煤岩的轴向应变与径向应变由轴向引伸计和径向引伸计分别测得，体积应变为：

$$\varepsilon_v = \varepsilon_1 + 2\varepsilon_2 \tag{3-15}$$

式中　ε_v——体积应变；

　　　ε_1——轴向应变；

　　　ε_2——径向应变。

　　煤岩在外部载荷作用下发生上述变形破坏的本质是其内部裂隙的萌生、扩展演化过程。由于裂隙变形所引起的体积变化很难直接测量，一般采用间接法，即由岩石的总体积应变 ε_v 与基体部分体积应变 ε_s 之差反映（此处将基体部分视为各向同性弹性材料），计算公式[77]为：

$$\varepsilon_{\mathrm{f}} = \varepsilon_{\mathrm{v}} - \varepsilon_{\mathrm{s}} = \varepsilon_{\mathrm{v}} - \frac{1-2\mu}{E}(\sigma_1 + 2\sigma_3) \tag{3-16}$$

式中　μ——岩石泊松比；

　　　E——岩石弹性模量；

　　　σ_1——轴向应力；

　　　σ_3——径向应力。

图 3-13 为加载速率为 0.06 mm/min 时典型的三轴压缩应力-应变曲线。

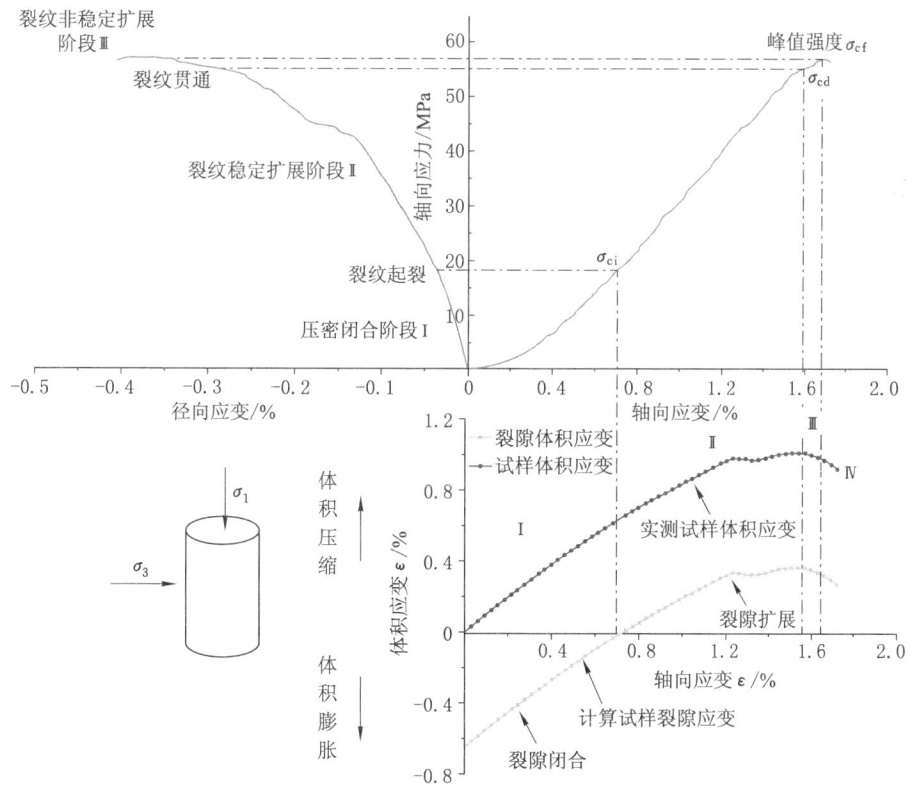

图 3-13　岩石典型的三轴压缩应力-应变曲线

（1）压密闭合阶段。随着应力增大，轴向应力-应变曲线呈上凹特征，此阶段的变形为不可逆且表现出非线性。从微观机制来看，该阶段应力曲线的弯曲是承载煤岩中存在的微裂纹在压应力作用下闭合所造成的，与煤岩内部初始微裂纹几何特征和密度密切相关。

（2）裂纹稳定扩展阶段。由于此时的应力大于裂隙的起裂应力，因而跨过弹性阶段直接进入裂隙稳定扩展阶段，裂纹起裂强度 σ_{ci} 为该阶段的起始点，发生在 25%～30% 的 σ_{cf} 应力水平。煤岩内部开始产生小尺度的微裂纹,但需要增大应力来驱动裂纹的进一步扩展。此阶段轴向应变-应力曲线、径向应变-应力曲线表现出较好的线性特征。

（3）裂纹非稳定扩展阶段。σ_{cd} 称为裂纹非稳定扩展的起始点,代表不稳定裂纹扩展的开始。该阶段裂纹的进一步扩展贯通不需增大应力来驱动,裂纹将持续不稳定的扩展直至煤岩破坏失稳。从该应力水平开始,煤岩轴向应力-应变曲线开始向下弯曲(由线性向非线性转变),体积应变曲线表现出反转特征(此时裂隙交汇贯通),出现体积膨胀(脆性岩石的典型特征)。这是微裂纹加速萌生和张性扩展所致,总体积应变开始由压缩作主导变为膨胀作主导。此时,表明承载煤岩内部损伤加剧,大量裂纹开始连接、交汇和贯通,煤岩结构发生显著改变。

（4）峰后破坏阶段。应力水平定义为峰值强度 σ_{cf},该阶段由于宏观断裂面的形成,轴向应力-应变曲线产生应力降(承载能力急剧降低),部分煤岩下降过程中会出现多次应力降。

原生裂隙的存在对次生裂隙的萌生及扩展也会产生一定的影响,表 3-2、表 3-3 分别给出了加载前后 CT 扫描层及三维重构下岩石内部原生裂隙及破坏后产生的次生裂隙分布情况。初始状态下,受复杂地质构造运动的影响,试样内部或多或少存在着一定量的微裂隙及局部破坏结构,它们随机分布于试样内部,在未受到外部载荷作用下整体趋于平衡、稳定的状态,见表 3-2、表 3-3 加载前图片,煤样、岩样的初始裂隙体积分数分别为 0.004 8%、0.097%。施加外部载荷后,裂隙的空间结构变化显著,见表 3-2、表 3-3 加载后图片,除了沿原生裂隙进行扩展外,还伴生大量相交的次生裂隙,次生主裂隙与原生主裂隙呈相交状态,并形成一组相交的贯穿裂隙,最终导致岩石发生宏观破坏,此时煤样、岩样的裂隙体积分数为 0.43%、0.63%,较加载前增长了 89.58 倍、6.49 倍。

表 3-2　煤样初始裂隙与破裂主要裂隙分布

	二维平面裂隙			三维结构裂隙
	XY 方向切片	YZ 方向切片	XZ 方向切片	
加载前	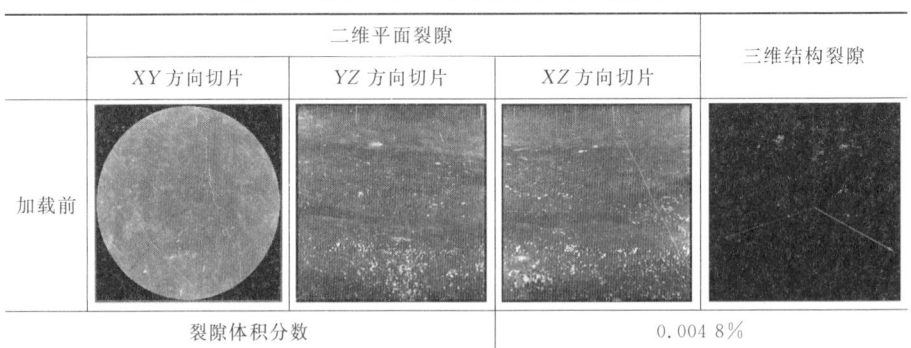			
	裂隙体积分数		0.004 8%	

表 3-2(续)

	二维平面裂隙			三维结构裂隙
	XY 方向切片	YZ 方向切片	XZ 方向切片	
加载后	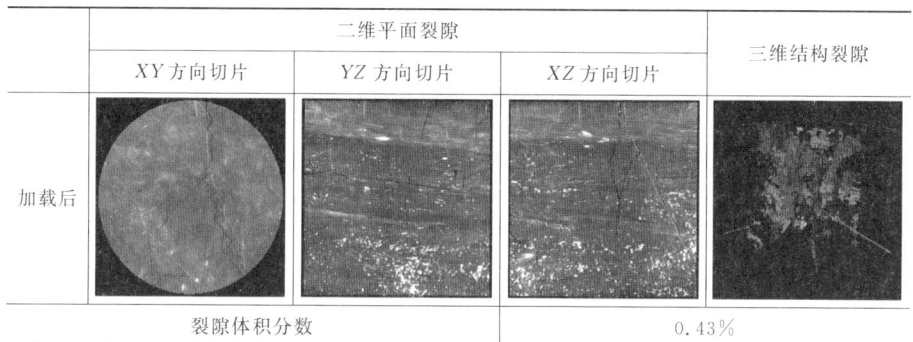			
	裂隙体积分数		0.43%	

表 3-3 岩样初始裂隙与破裂主要裂隙分布

	二维平面裂隙			三维结构裂隙
	XY 方向切片	YZ 方向切片	XZ 方向切片	
加载前	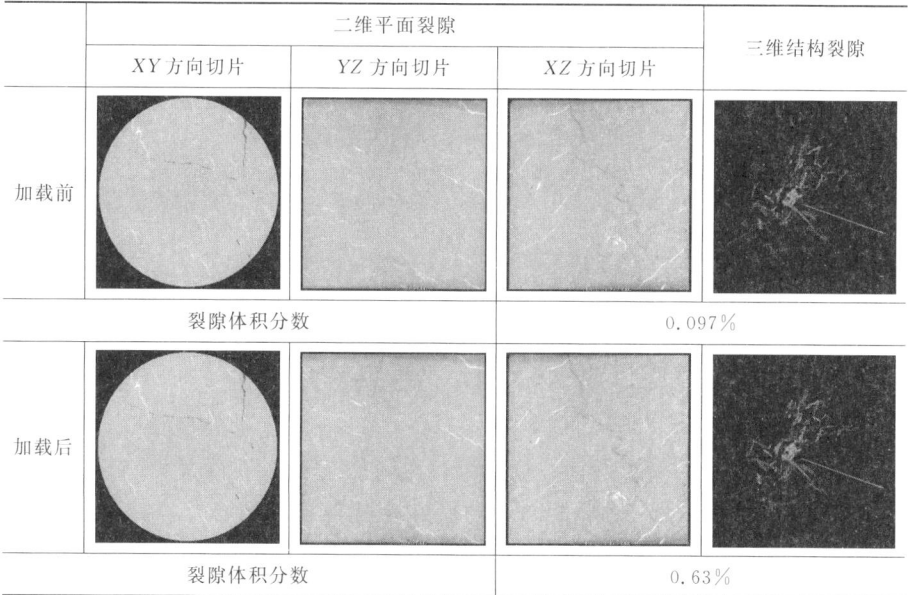			
	裂隙体积分数		0.097%	
加载后				
	裂隙体积分数		0.63%	

3.4 煤岩体细观破坏特征与机理

煤岩体内部微细观损伤的累积是导致煤岩体宏观破坏的根本原因,在这一过程中,内部裂隙等缺陷的萌生、扩展和贯通都会在其破裂面(断口)留下"印记",这些"印记"在一定程度上反映了其在不同受力方向的煤岩损伤演化过程及破坏特征。研究煤岩微观断口形貌、显微组织关系及晶体断裂组合形式进行断口微观机制分析,能够很好地阐述煤岩的破坏机理。本节主要采用扫描电镜测试方法,对压缩破坏后的试样断口进行观测,研究载荷作用下煤岩微观破裂特征,并揭示其微观破坏机制。

(1)试验设备

本次试验采用 TESCANVEGA 扫描电镜设备,它主要由计算机控制系统、扫描电镜主机系统及低压抽真空系统三部分组成。计算机控制系统主要用于试验系统的操作控制,信号的接收和分析;扫描电镜主机系统主要用于信号的发射;低压抽真空系统主要用于将测试仓进行抽真空处理,以防止空气粒子对信号发射及收集的影响。

该设备用于研究试样的微观破裂机制具有以下显著优势:① 成像倍数较高,可以实现不同倍率的微观成像;② 适用范围广,清晰度高,块体表面断裂形貌特征一目了然;③ 设备操作及试样制备简单,仅需将破坏后的试样制备成尺寸较小的块状结构,将其放入测试仓内,抽真空后测试即可。

(2)测试结果分析

岩石断口破坏面具有显著特征,结合金属断口面的微观研究,岩石断口分类具有不同方法。根据裂纹开裂时的受力不同,岩石断口可分为:张开破裂、滑移破裂和撕开破裂三种类型;根据变形的程度,岩石断口可分为解理断裂、准解理断裂和延性断裂。

对于岩体这种各向异性的脆性材料,在力学机制上可将岩石断口微观结构分为拉裂断口和剪裂断口两种。拉裂断口主要表现为岩石的脆性破坏,其在形貌上可分为:① 河流状花样;② 台阶状和陡坎状花样;③ 贝壳状花样;④ 叠片状花样;⑤ 鳞片状花样;⑥ 平行滑移线花样等。剪裂断口则主要表现为岩石的韧性破坏,其在形貌上可分为:① 韧窝;② 穿晶裂纹;③ 平坦滑移面花样;④ 微小韧窝簇花样;⑤ 条纹花样;⑥ 四面体花样;⑦ 蛇形滑动花样。

图 3-14 分别表示不同位置、不同倍数条件下煤岩破坏后断口典型形貌分布特征,其表面断口形貌呈现台阶状花样、河流状花样等多种破坏形式,整体表现为明显的脆性断裂。

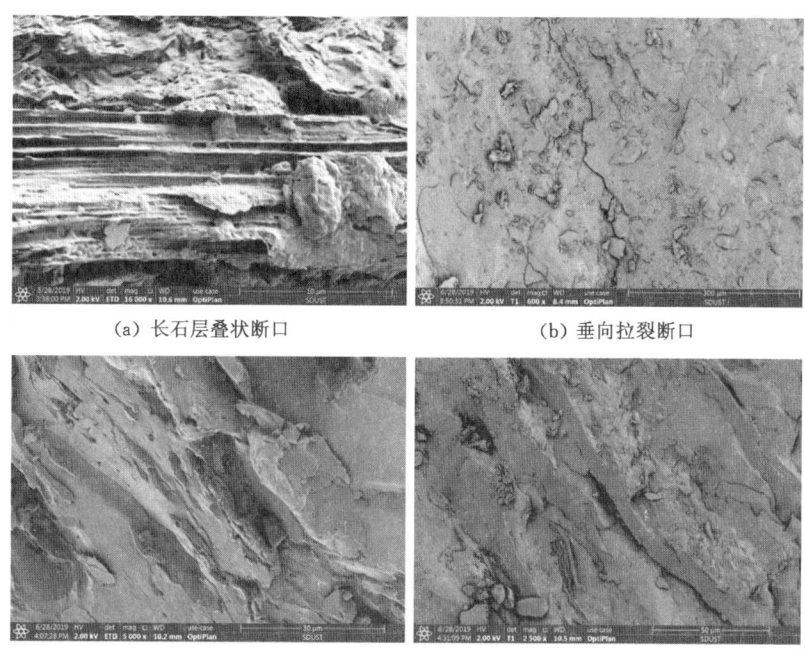

（a）长石层叠状断口　　　　　　（b）垂向拉裂断口

（c）贝壳状断口

图 3-14　典型矿物断口对比

　　受煤岩内部矿物组成的非均质性及矿物颗粒的不均匀分布影响,不同位置处的破坏方式也存在一定的差异。对于矿物长石(呈层状或柱状结晶)分布区域,在载荷作用下,易沿层状发生断裂,其破坏的本质则是由于原子键的简单破裂而沿结晶面直接断开;石英矿物的脆性断裂形态主要表现为不规则的沿晶断裂,产生一些贝壳状断口、河流状断口等。这些断口的光滑表面及凹凸不平的起伏状表明了在应力作用下发生脆性断裂破坏时煤岩受到非均质性和晶格曲线的影响。

　　通过对不同位置的断口 SEM 图像观察及分析可知,煤岩的破裂断口受所含矿物的影响显著,不同矿物的破坏断口存在显著差异,所含矿物成分越多,其破裂断口越为复杂,煤岩破裂逐渐趋于无序和紊乱。

3.5　本章小结

　　本章分析了含单一裂隙和多裂隙岩体的强度特征,通过将岩石常规压缩试验与 CT 扫描技术相结合,扫描对比了压缩试验前后的岩石内部裂隙空间分布特征,并结合岩石应力-应变关系、裂隙发育特征、岩石破裂形态,揭示了外部载荷作用下岩石内部裂隙空间结构演化规律,得出以下结论:

(1)岩石内部含有大量不同尺度的裂隙,利用 CT 扫描和三维重建技术,可清楚地显示岩石内部裂隙结构的分布特征,其中体积分数能够很好地描述岩石内部的裂隙占比。

(2)初始裂隙的存在会影响次生裂隙的扩展。新生裂隙除了沿初始主裂隙扩展外,还会生成大量的次生裂隙;围压的存在使得岩石内部裂隙的扩展、贯通更加困难,进而使得岩石的峰值强度及应变均有较为明显的增长。

4　裂隙空间特征对岩体力学特性的影响规律

岩体作为一种天然的地质工程体,不可避免地存在缺陷及裂隙等影响岩体自身强度及稳定性的客观因素,尤其是密度大、组数多和产状复杂的裂隙大大降低了围岩的强度,裂隙的空间特征直接影响了围岩结构的稳定性。因此,研究裂隙空间特征对岩体力学特性影响是十分有必要的。

目前,由于通过实验室测试及现场实测等手段获取准确的裂隙力学参数是十分困难的,因而采用数值模拟方法,考虑裂隙空间特征,探究裂隙空间特征对岩体拉伸、压缩宏观力学特性的影响规律,揭示裂隙空间特征对岩体力学特性的劣化效应。

4.1　离散元数值模拟简介

离散元法是由美国学者 Cundall 基于分子动力学原理首次提出的一种颗粒散体物料分析方法[78-82]。离散元法的理论基础是基于不同本构关系的牛顿第二定律,通过动态松弛法或是静态松弛法进行迭代求解。其核心思想是将研究对象看作刚性元素的集合,使得其中每个元素均满足牛顿第二定律,采用中心差分法求解各元素的运动过程,进而得到研究对象的整体运动形态[83]。

4.1.1　离散元法的单元模型

离散元法中的单元体,从性质上来说,单元体可以是刚性体或是非刚性体;而从形态上来说,单元体可以是任意多边形。

在解决连续介质问题时,除了考虑边界条件外,还需额外考虑三个方面,即平衡方程、变形协调方程及本构方程。变形协调方程是确保介质的连续变形;本构方程则是表征介质应力与应变之间的物理关系。而对于离散元法,介质从一开始就被假定成离散块体的集合,故块体与块体之间没有变形协调的约束,但平衡方程则需要满足[84]。如图 4-1(a)所示,对于某一块体 A,其上有相邻连接块体通过边、角作用于它的一组力 F_{xi},F_{yi}($i=1\sim5$),如图 4-1(b)所示。

若需考虑重力,则加上块体的自重。这一组力对块体的重心产生合力 F 及

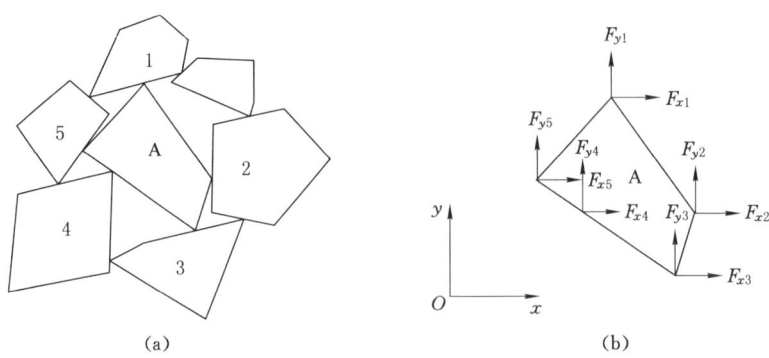

(a)   (b)

图 4-1 块体集合及作用于个别块体上的力

合力矩 M。在合力及合力矩不等于零的情况下,块体依据牛顿第二定律 $F=ma$ 和 $M=I\theta$ 运动。

计算时,按照时步迭代遍历整个块体集合,使得每个块体均不再出现不平衡力和不平衡力矩,此时运算结束。

4.1.2 离散元法的单元模型

离散单元法主要求解方法包括静态松弛法及动态松弛法。而松弛法作为一种解联立方程组的方法,在力学中有着重要的、广泛的应用。

动态松弛法是将非线性静力学问题转化为动力学问题进行求解的数值计算方法,其本质则是对临界阻尼振动方程进行逐步积分。为了保证求得准静解,一般采用质量阻尼和刚度阻尼吸收系统的动能,当阻尼系数取值稍小于某一临界值时,系统的振动将以最快的速度消失,同时函数收敛于静态值。由于求解方程是时间的线性函数,整个计算过程只需直接代换,即利用前一迭代函数值计算新的函数值。

离散单元法其基本运动方程为:

$$m\ddot{u}(t)+c\dot{u}(t)+ku(t)=f(t) \tag{4-1}$$

式中 m——单元质量;

      u——位移;

      t——时间;

      c——黏性阻尼系数;

      k——刚度系数;

      f——单元所受的外部载荷。

式(4-1)中,假设 $t+\Delta t$ 时刻前的变量 $f(t)$、$u(t)$、$\ddot{u}(t-\Delta t)$、$\dot{u}(t-\Delta t)$ 及

$u(t-\Delta t)$均已知,采用中心差分法,则式(4-1)可转换为:

$$m[u(t+\Delta t)-2v(t)+u(t-\Delta t)]/(\Delta t)^2+$$
$$c[u(t+\Delta t)-u(t-\Delta t)]/(\Delta t)+ku(t)=f(t) \qquad (4-2)$$

式中,Δt 为计算时步。

根据式(4-2)可求解出:

$$u(t+\Delta t)=\left\{(\Delta t)^2 f(t)+(\frac{c}{2}\Delta t-m)u(t-\Delta t)+[2m-k(\Delta t)^2 u(t)]\right\}/$$
$$(\frac{c}{2}\Delta t+m) \qquad (4-3)$$

由于式(4-3)右边的量均为已知,从而可求得 $u(t+\Delta t)$。根据式(4-4)、式(4-5),进而求得单元在 t 时刻的速度 $\dot{u}$ 及加速度 $\ddot{u}$。

$$\dot{u}(t)=[u(t+\Delta t)-u(t-\Delta t)]/(2\Delta t) \qquad (4-4)$$

$$\ddot{u}(t)=[\dot{u}(t+\Delta t)-2u(t)+u(t-\Delta t)]/(\Delta t)^2 \qquad (4-5)$$

离散单元法采用中心差分法进行动态松弛求解,在计算过程中不需要求解大型矩阵,从而大大节省了计算时间,在计算的同时也允许单体产生很大的位移,克服了有限单元法及边界元法的小变形假设,可用于求解非线性问题。

4.1.3 3DEC 数值模拟方法基本原理

3DEC 是以离散元模型的显示单元法为基础的三维计算机数值程序,采用显示差分法进行求解,能够稳定求解非稳定性问题,并能追踪和记录破坏过程及模拟工程岩体的大范围破坏,包括块体间的完全脱离等。其基本原理是牛顿第二定律。

岩体中每个岩块间存在着节理、裂隙等,这些使得整个岩体成为一个非连续体。假设被节理裂隙切割的岩块是刚体,岩块按照整个岩体的节理裂隙镶嵌排布,每个块体处于自己的位置并处于平衡状态。在外力和自重作用下,块体发生移动或是转动,此时块体的空间位置发生了改变,这又导致了相邻块体的受力及位置的变化,甚至是块体重叠。随着外力或是约束条件的变化或时间的延续,会有更多的块体发生位置的变化和相互重叠,据此模拟各个块体的移动或是转动,直至岩体发生破坏[84]。

4.2 数值试验设计

现阶段,对完整岩体和裂隙岩体的宏观力学特性研究偏重于压缩行为上。然而,与其他材料不同的是,岩体通常是具有不同弹性模量和泊松比的双模量材料。以往的研究结果表明:拉伸弹性模量 E_t 不大于压缩弹性模量 E_c[85-89]。Hawkes 等[85]对不同类型的岩体进行了直接拉伸试验,实验结果表明砂岩的 E_t/E_c 为 1/9,花岗岩的 E_t/E_c 为 1/2。Chen 等[88]通过循环加载、单轴拉伸和压缩试验得到了 4 种不同岩石的 E_t/E_c 分别为 0.5、1.0、0.7 和 0.3～0.4。余贤斌等[90]基于自行研制的试验装置对不同类型岩石进行直接拉伸试验、劈裂试验及单轴压缩试验,也得到了类似的结论。因此,在以下进行单轴拉伸数值试验时,岩体拉伸弹性模量 E_t 取压缩弹性模量 E_c 的 40%。

基于前文分析及所得出的结论,本节基于三维离散元数值模拟方法,考虑裂隙空间特征参数(裂隙倾角、间距、密度及相交角度)对岩体宏观力学特性的影响,建立预含不同空间特征裂隙的试验尺度数值模型群,并分别开展单轴拉伸、压缩数值试验,通过对比不同裂隙空间特征影响下岩体的应力-应变关系,研究揭示裂隙空间特征参数对裂隙岩体拉伸、压缩宏观力学特性的影响规律,揭示裂隙空间特征对岩体力学特性劣化效应。

模型尺寸为 50 mm×100 mm[91],采用位移加载,加载速率为 0.005 mm/时步[92]。裂隙贯穿整个模型,具体参数见表 4-1、表 4-2。

表 4-1　岩体物理力学参数

参数	密度 /(kg/m³)	体积模量 /GPa	剪切模量 /GPa	黏聚力 /MPa	内摩擦角 /(°)	抗拉强度 /MPa
岩石	2 884	26.3	12.15	24.7	30	8.79

表 4-2　裂隙力学参数

参数	法向刚度 /(GPa/mm)	切向刚度 /(GPa/mm)	黏聚力 /MPa	内摩擦角 /(°)	抗拉强度 /MPa
裂隙	32.5	19.3	3.67	26.8	3.88

为研究裂隙空间特征参数对岩体力学特性的影响,本节共讨论 4 种不同的裂隙空间特征:α(裂隙与水平方向的夹角)、d(两条裂隙的垂直距离)、β(两条裂隙的相交角度)及 n(裂隙密度)。

对完整岩体试样分别进行单轴拉伸、压缩试验,其应力-应变曲线如图 4-2 所示。在无裂隙单轴加载条件下,试样的单轴抗压强度 σ_c(UCS)为 85.56 MPa,压缩弹性模量 E_c 为 31.63 GPa;单轴抗拉强度 σ_t(UTS)为 8.78 MPa,拉伸弹性模量 E_t 为 12.63 GPa。

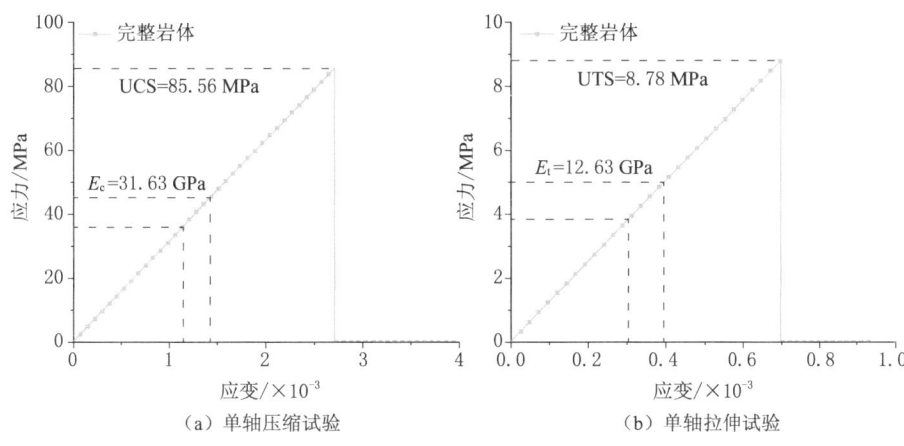

（a）单轴压缩试验　　　　　　　（b）单轴拉伸试验

图 4-2　无裂隙单轴加载条件下岩体应力-应变曲线

4.3　裂隙倾角对岩体力学特性的影响

　　本节中，考虑裂隙倾角 α 对裂隙岩体宏观力学特性的影响，建立预含单一裂隙、不同倾角的试验尺度数值模型，并分别开展单轴拉伸、压缩数值试验，通过对比不同裂隙倾角影响下岩体的应力-应变关系，探究裂隙倾角对裂隙岩体拉伸、压缩宏观力学特性的影响规律。模型如图 4-3 所示。不同裂隙倾角岩体的应力-应变曲线如图 4-4 所示（图中包含完整岩体应力-应变曲线作为参照）。

　　如图 4-4 所示，不同裂隙倾角岩体所对应的应力-应变曲线基本相似。与完整岩体类似，施加位移载荷后，应力呈现线性增长。当岩体达到所能承受的极限载荷后，应力迅速跌落，此时岩体失去承载能力，表现出明显的脆性特征。

　　裂隙倾角对岩体强度有着显著的影响。如图 4-5（a）所示，在单轴压缩试验中，岩体单轴抗压强度 σ_c 随裂隙倾角的变化曲线呈现 U 形分布，在区间 $[0°\sim 58.4°]$ 内，随着裂隙倾角的逐渐增大，抗压强度逐渐降低，二者呈负相关变化趋势，并在 $\alpha=58.4°$ 时达到最低值，为 11.81 MPa；在区间 $[58.4°\sim 90°]$ 内，抗压强度随裂隙倾角的增大而增大，当 $\alpha=90°$ 时，此时的强度与完整岩体强度相同，为 85.56 MPa。如图 4-5（b）所示，在单轴拉伸试验中，岩体的单轴抗拉强度 σ_t 随着倾角的增大而增大，二者呈正相关变化趋势，α 由 0° 增加至 90° 时，强度由 3.89 MPa 增加至 8.78 MPa，增幅达 4.89 MPa。

　　由图 4-5（a）可知，数值模拟计算结果与单一裂隙岩体强度分析结果基本一致，并在 $\alpha=\pi/4+\varphi_0/2$ 时达到最小值，$\sigma_{cmin}=11.91$ MPa，并根据式（3-8）、式（3-11）计

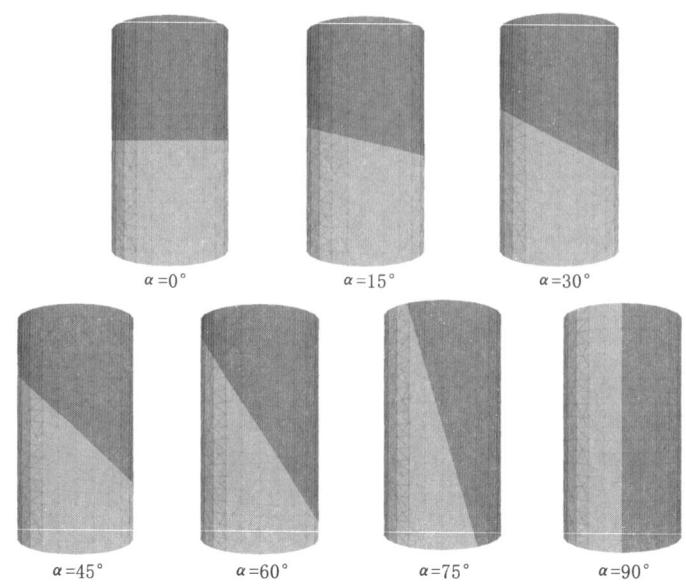

图 4-3　不同裂隙倾角模型示意图

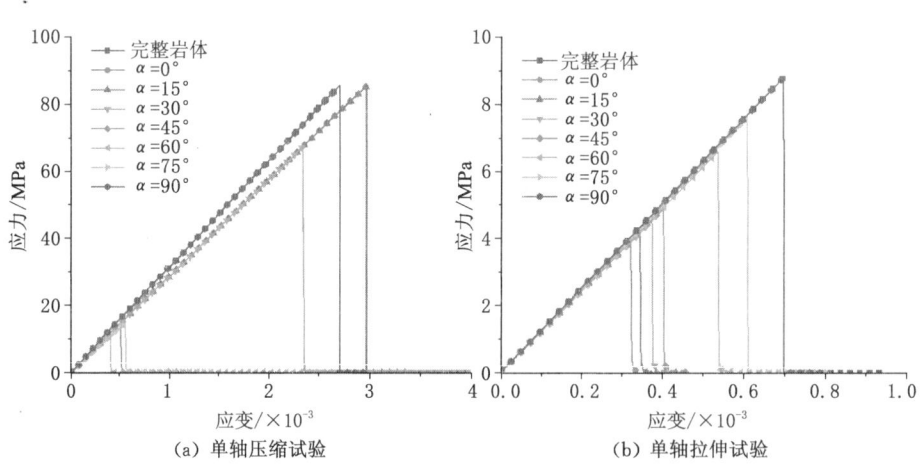

（a）单轴压缩试验　　　　　　　　　　（b）单轴拉伸试验

图 4-4　不同裂隙倾角岩体应力-应变曲线

算得出 $\alpha_1 = 28.3°$，$\alpha_2 = 88.5°$，即裂隙倾角 α 在 $[0, 28.3°]$ 及 $[88.5°, 90°]$ 区间时，岩体发生破坏；当 α 在 $[28.3°, 58.4°]$ 区间时，岩体沿裂隙发生滑移破坏；α 在 $[58.4°, 88.5°]$ 区间时，岩体发生局部受压所引起的剪切滑移破坏。

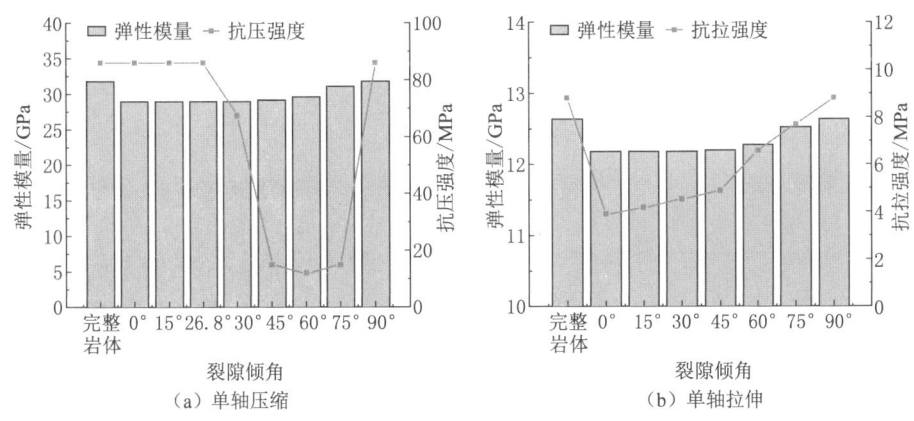

图 4-5　裂隙岩体力学特性随倾角 α 变化曲线

与完整岩体相比,裂隙的存在使得岩体弹性模量产生了不同程度的劣化,但裂隙倾角的改变对岩体弹性模量影响较小。结合图 4-5 及表 4-3 可知,在区间 [0°,45°] 内,弹性模量基本保持不变;当 α 大于 60°时,弹性模量随倾角的增大而增大,并在 α=90°时达到最大值,与完整岩体的弹性模量相同,$E_c=31.63$ GPa、$E_t=12.63$ GPa。

表 4-3　裂隙倾角对岩石力学特性的影响

裂隙倾角 α	单轴压缩试验		单轴拉伸试验	
	抗压强度 σ_c/MPa	弹性模量 E_c/GPa	抗拉强度 σ_t/MPa	弹性模量 E_t/GPa
完整岩体	85.56	31.63	8.78	12.63
α=15°	85.56	28.82	4.17	12.17
α=30°	67.21	28.82	4.52	12.17
α=45°	14.86	28.92	4.88	12.18
α=60°	11.98	29.46	6.57	12.27
α=75°	14.78	30.95	7.67	12.52
α=90°	85.56	31.63	8.78	12.63

4.4　裂隙间距对岩体力学特性的影响

裂隙间距通常指相邻裂隙之间的垂直距离,它决定了构成岩体的块体大小,反映了岩体的完整性[93]。由 4.3 节的结论可知,当裂隙倾角 α 在 [0,28.3°]、

$[28.3°,58.4°]$、$[58.4°,88.5°]$区间内,岩体发生 3 种形式的破坏:岩体破坏、沿裂隙发生滑移破坏及局部受压所引起的剪切滑移破坏。为探究裂隙间距对裂隙岩体拉伸、压缩宏观力学特性的影响规律,选择固定裂隙倾角,以 $\alpha=20°$、$45°$、$70°$为例表示上述 3 种不同破坏形式的裂隙岩体。

考虑试验方案中裂隙间距因素的水平取值间隔不等,使得定性分析裂隙间距对岩体强度的影响存在着困难,考虑裂隙间距与裂隙密度呈负相关变化,故在分析裂隙间距对岩体力学特性的影响时,采用裂隙密度表示间距的变化。裂隙密度的单位为"条/mm",为便于分析,将裂隙密度无量纲化,定义无量纲常数 η,其表达式为:

$$\eta = \frac{H}{s} \tag{4-6}$$

式中　H——试验高度;

　　　s——裂隙间距。

共建立 3 组不同倾角($\alpha=20°$、$45°$、$70°$)的数值计算模型,对于每组相同裂隙倾角模型再建立 5 组不同裂隙间距模型($d=H/2$、$H/4$、$H/6$、$H/8$、$H/10$),模型见图 4-6,具体试验方案见表 4-4。

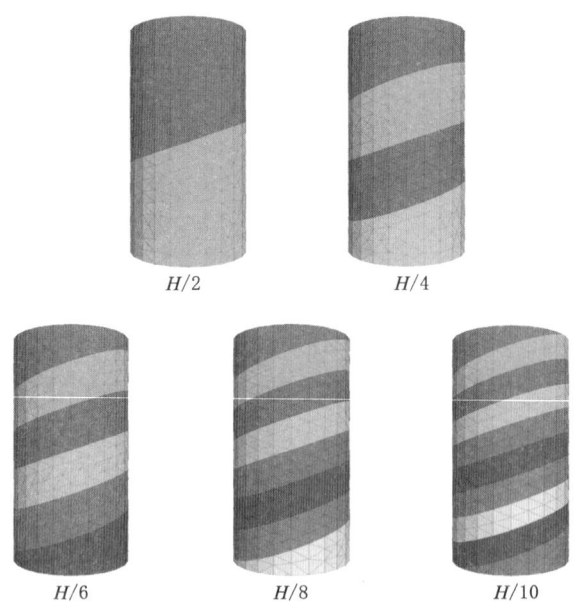

图 4-6　不同裂隙间距模型示意图(以 $\alpha=20°$为例)

表 4-4 试验方案

模型组数	裂隙倾角 α	裂隙间距 d
1	20°	$H/2$、$H/4$、$H/6$、$H/8$、$H/10$
2	45°	$H/2$、$H/4$、$H/6$、$H/8$、$H/10$
3	70°	$H/2$、$H/4$、$H/6$、$H/8$、$H/10$

3 种破坏形式下岩体的 σ_c-η、σ_t-η 曲线如图 4-7、图 4-8 所示。无论发生何种破坏,强度 σ_c、σ_t 均随着裂隙 η 的增大而降低,即岩体强度随裂隙间距的减小而降低,而当间距 d 减小到一定程度后,岩体强度也将趋于某一特定值。

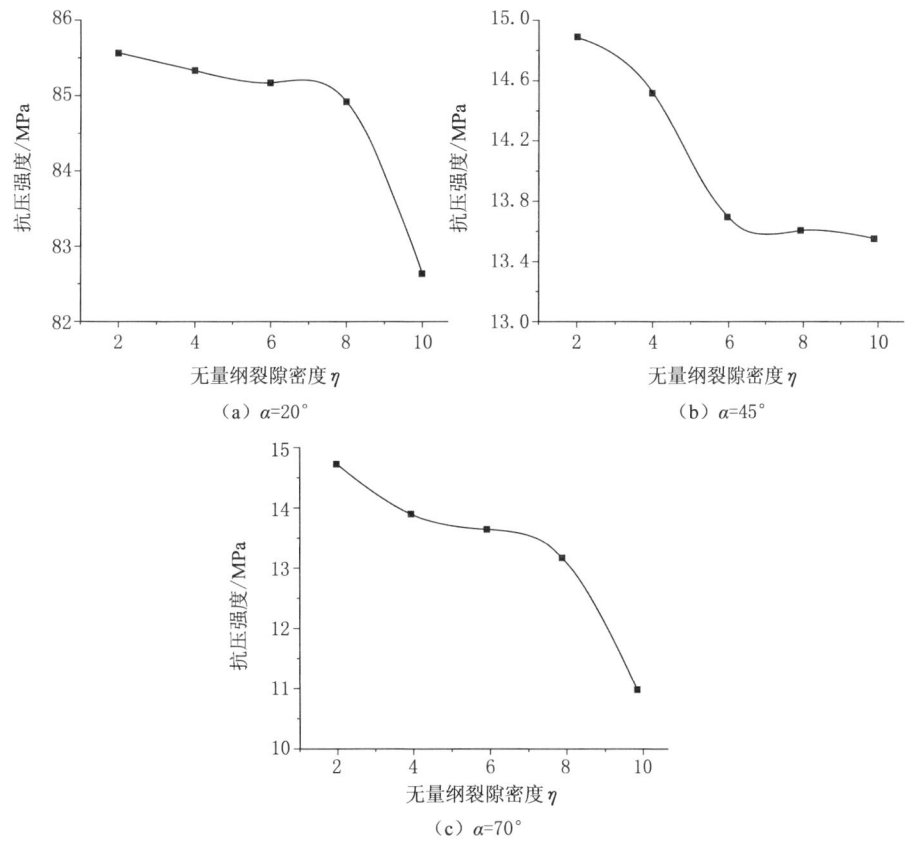

（a）α=20°

（b）α=45°

（c）α=70°

图 4-7 抗压强度随裂隙密度 η 变化曲线

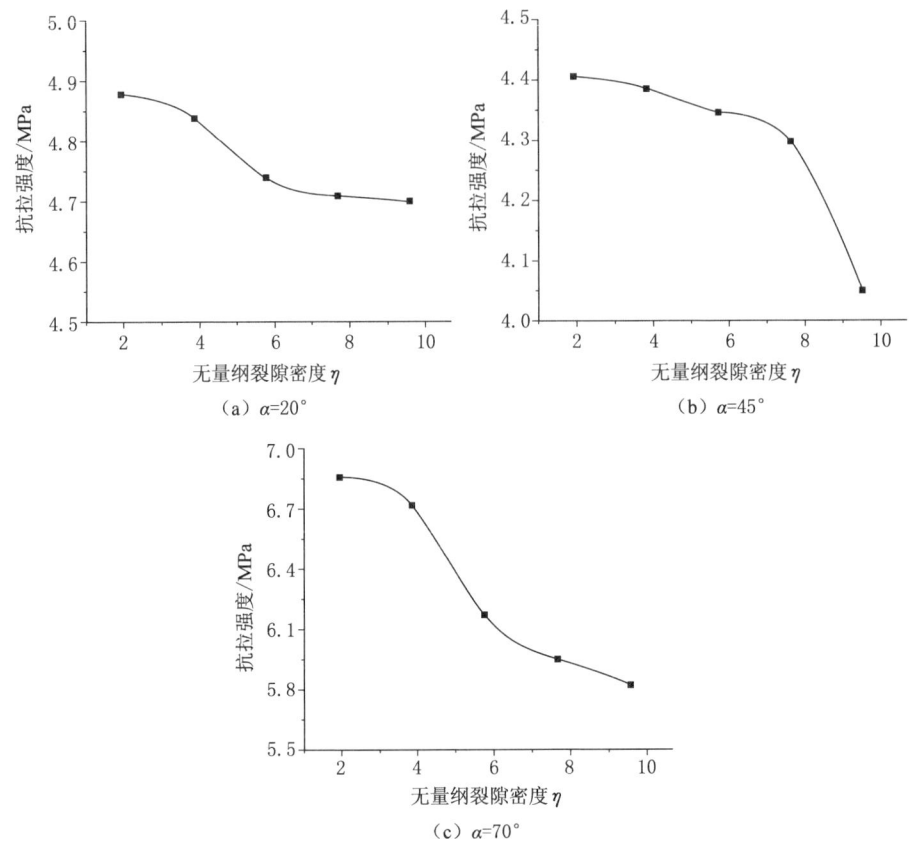

图 4-8　抗拉强度随裂隙密度 η 变化曲线

值得注意的是：当岩体破坏形式不同时，随着裂隙间距的减小，岩体强度的降低幅度也有所不同（见表 4-5）。具体表现为：

（1）单轴压缩条件下，当破坏形式为岩体破坏时，此时单轴抗压强度 σ_c 降低幅度最小，为 3.42%；当破坏形式为沿裂隙滑移破坏时，强度降低幅度为 8.75%；当破坏形式为局部受压所引起的剪切滑移破坏时，降低幅度达到最大值，为 24.95%。

（2）单轴拉伸条件下，当破坏形式为岩体破坏时，此时单轴抗拉强度 σ_t 降低幅度为 8.16%；当破坏形式为沿裂隙滑移破坏时，此时降低幅度达到最小值，为 3.69%；当破坏形式为局部受压所引起的剪切滑移破坏时，降低幅度达到最大值，为 15.16%。

表 4-5　不同破坏形式对岩体强度的影响

裂隙倾角 α	单轴压缩试验	单轴拉伸试验
20°	3.42%	8.16%
45°	8.75%	3.69%
70°	24.95%	15.16%

4.5　裂隙密度对岩体力学特性的影响

在给定的岩体单元集中,裂隙密度通常指该集合中所包含的裂隙数目[94-95],反映岩体的破碎程度。研究表明,岩体的变形破坏机理随裂隙密度的变化而变化,与此同时,岩体的坍塌性、渗透性、破碎性等工程性质也随之发生变化。

本节中,考虑裂隙密度 n 对岩体宏观力学特性的影响。在裂隙间距($d=$ 5 mm)保持恒定条件下,建立预含不同裂隙密度的试验尺度模型群(裂隙倾角分别为 $\alpha=15°$、$30°$、$45°$、$60°$)并分别开展单轴拉伸、压缩数值试验,通过对比不同裂隙密度影响下岩体的应力-应变曲线,探究裂隙密度对裂隙岩体拉伸、压缩宏观力学特性的影响规律。模型如图 4-9 所示,试验方案见表 4-6,不同裂隙密度岩体的应力-应变曲线如图 4-10、图 4-11 所示。

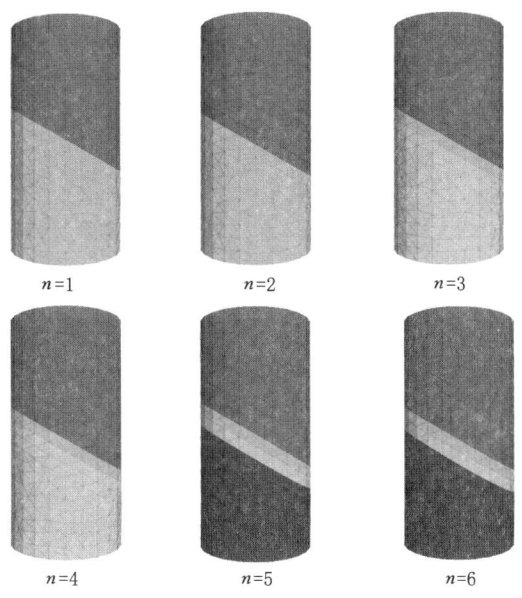

$n=1$　　$n=2$　　$n=3$

$n=4$　　$n=5$　　$n=6$

图 4-9　不同裂隙密度模型示意图

表 4-6　试验方案

试验组数	裂隙倾角 α	裂隙密度 n
1	15°	1、2、3、4、5、6
2	30°	1、2、3、4、5、6
3	45°	1、2、3、4、5、6
4	60°	1、2、3、4、5、6

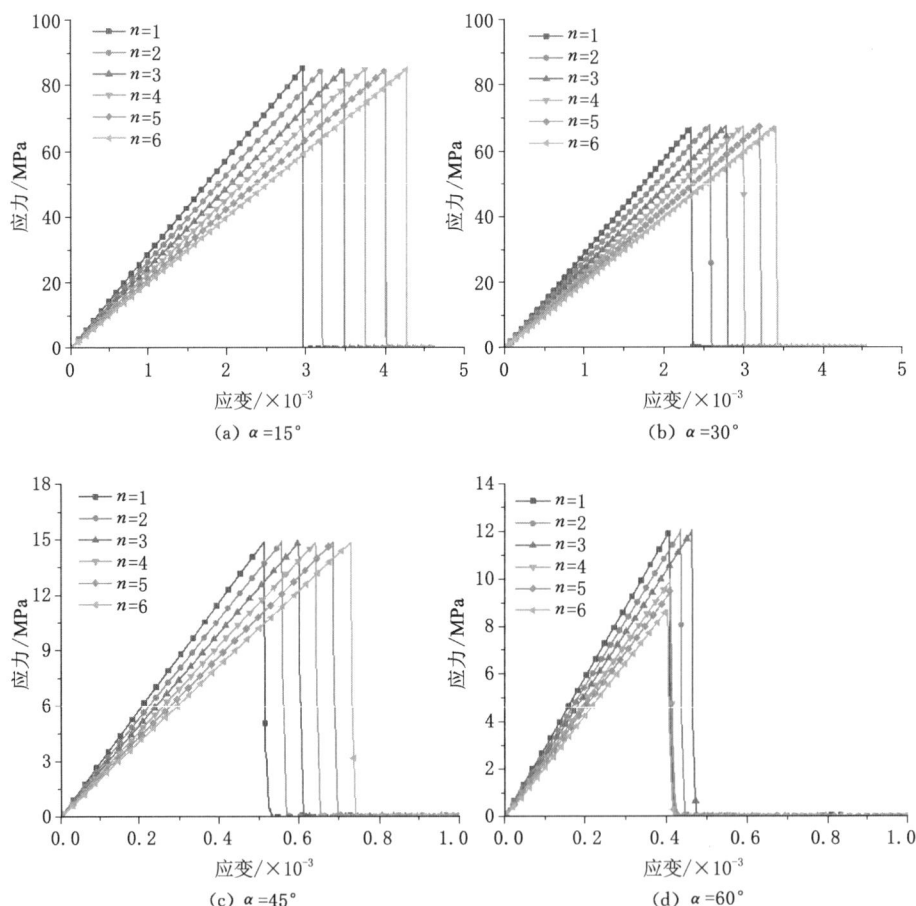

图 4-10　单轴压缩条件下不同裂隙密度岩体的应力-应变曲线

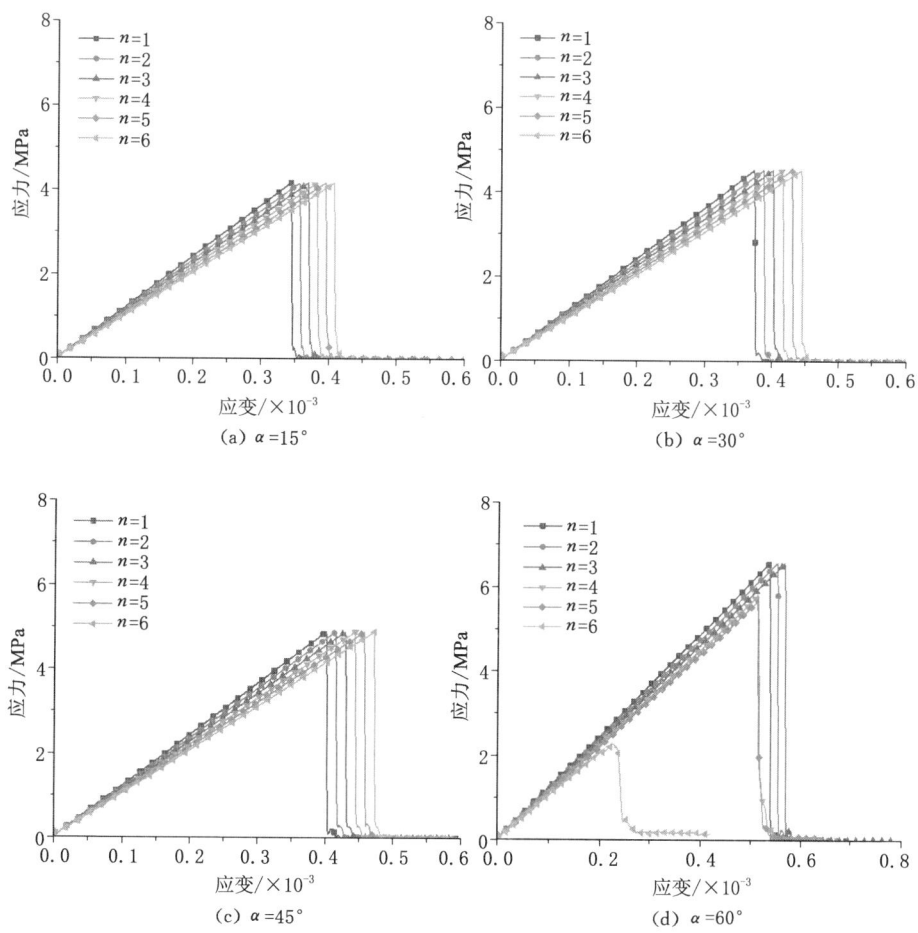

图 4-11　单轴拉伸条件下不同裂隙密度岩体的应力-应变曲线

　　如图 4-10、图 4-11 所示,当 $\alpha=15°$、$30°$、$45°$时,其峰值强度基本保持一致,但弹性模量受密度影响显著。以裂隙倾角 $\alpha=45°$ 为例(见表 4-7):当 n 由 1 增加至 6 时,压缩弹性模量 E_c 由 28.92 GPa 急剧降低至 20.33 GPa,降幅达 29.7%,而单轴抗压强度 σ_c 基本保持不变;拉伸弹性模量 E_t 由 12.18 GPa 降低至 10.35 GPa,降幅达 15.0%,而单轴抗拉强度 σ_t 基本保持不变。不同倾角条件下裂隙密度与弹性模量的拟合函数曲线如图 4-12、图 4-13 所示。

表 4-7　裂隙密度对岩体力学特性的影响（$\alpha=45°$）

$\alpha=45°$	单轴压缩试验		单轴拉伸试验	
	抗压强度 σ_c/MPa	弹性模量 E_c/GPa	抗拉强度 σ_t/MPa	弹性模量 E_t/GPa
完整岩体	85.56	31.63	8.78	12.63
$n=1$	14.86	28.92	4.88	12.18
$n=2$	14.86	26.67	4.88	11.77
$n=3$	14.86	24.74	4.88	11.38
$n=4$	14.86	23.07	4.88	11.01
$n=5$	14.86	21.61	4.88	10.68
$n=6$	14.86	20.33	4.88	10.35

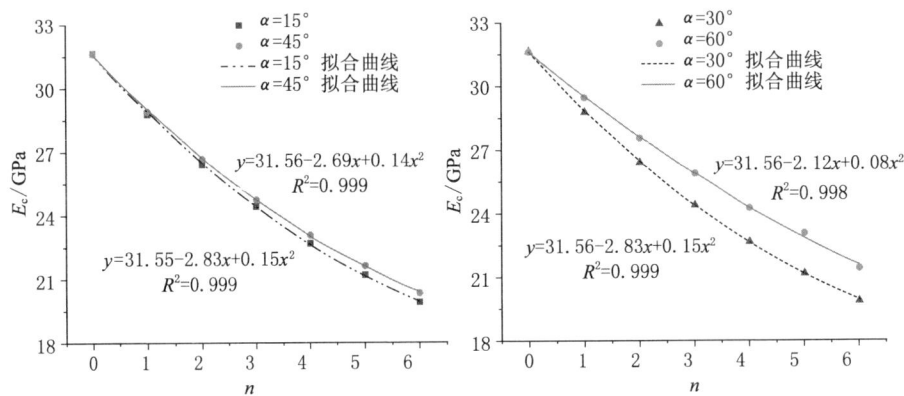

图 4-12　单轴压缩条件下 $E_c\text{-}n$ 拟合曲线

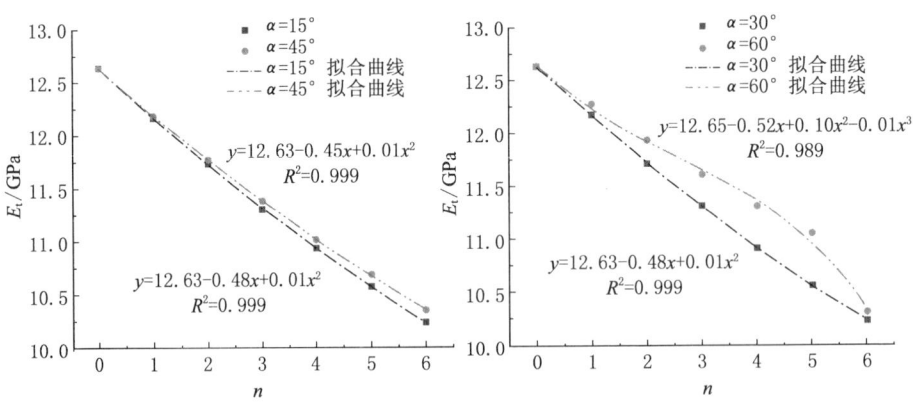

图 4-13　单轴拉伸条件下 $E_t\text{-}n$ 拟合曲线

当 $\alpha=60°$，弹性模量的变化趋势与其他倾角基本一致，即 E 随着密度的增大而减小。当 $n\geqslant4$ 时，此时岩体强度出现降低的现象，具体表现为（见表 4-8）：当 n 由 1 增加至 4 时，σ_c 降低至 9.97 MPa，降幅达 16.78%；σ_t 降低至 5.81 MPa，降幅达 11.57%。当密度增加至 6 时，σ_c 降低至 8.70 MPa，降幅达 27.38%；σ_t 降低至 2.27 MPa，降幅达 65.45%。

表 4-8　裂隙密度对岩体力学特性的影响（$\alpha=60°$）

$\alpha=60°$	单轴压缩试验		单轴拉伸试验	
	抗压强度 σ_c/MPa	弹性模量 E_c/GPa	抗拉强度 σ_t/MPa	弹性模量 E_t/GPa
完整岩体	85.56	31.63	8.78	12.63
$n=1$	11.98	29.46	6.57	12.27
$n=2$	11.98	27.54	6.57	11.93
$n=3$	11.98	25.88	6.57	11.61
$n=4$	9.97	24.24	5.81	11.31
$n=5$	9.46	23.06	5.68	11.05
$n=6$	8.70	21.41	2.27	10.31

4.6　裂隙相交角度对岩体力学特性的影响

在实际的岩体工程活动中，裂隙的存在通常是十分复杂的，一个或多个相交裂隙组的存在十分常见，这些通常被称作裂隙体系。本节中，考虑裂隙相交角度对岩体宏观力学特性的影响，建立预含不同裂隙相交角度（仅考虑一组相交裂隙，其中 α_1 为主裂隙，α_2 为次裂隙）的试验尺度数值计算模型，并分别开展单轴拉伸、压缩数值试验，通过对比不同裂隙相交角度影响下岩体的应力-应变曲线，探究裂隙相交角度对裂隙岩体拉伸、压缩宏观力学特性的影响规律。计算模型如图 4-14 所示，试验方案见表 4-9，不同裂隙相交角度下岩体的应力-应变曲线如图 4-15、图 4-16 所示。

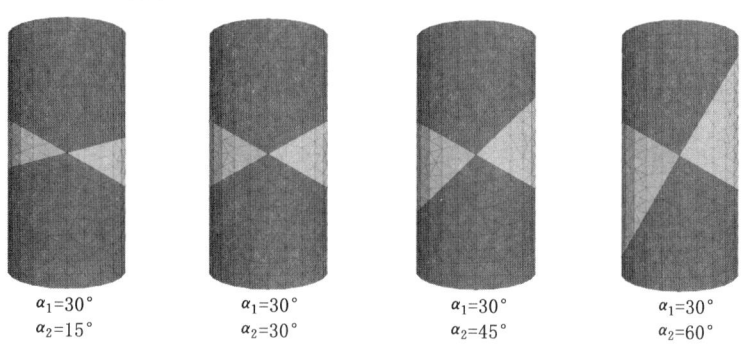

图 4-14　不同裂隙相交组合模型示意图

表 4-9　试验方案

试验组数	主裂隙倾角 α_1	次裂隙倾角 α_2	裂隙相交角度 β
1	15°	15°、30°、45°、60°	30°、45°、60°、75°
2	30°	15°、30°、45°、60°	45°、60°、75°、90°
3	45°	15°、30°、45°、60°	60°、75°、90°、105°
4	60°	15°、30°、45°、60°	75°、90°、105°、120°

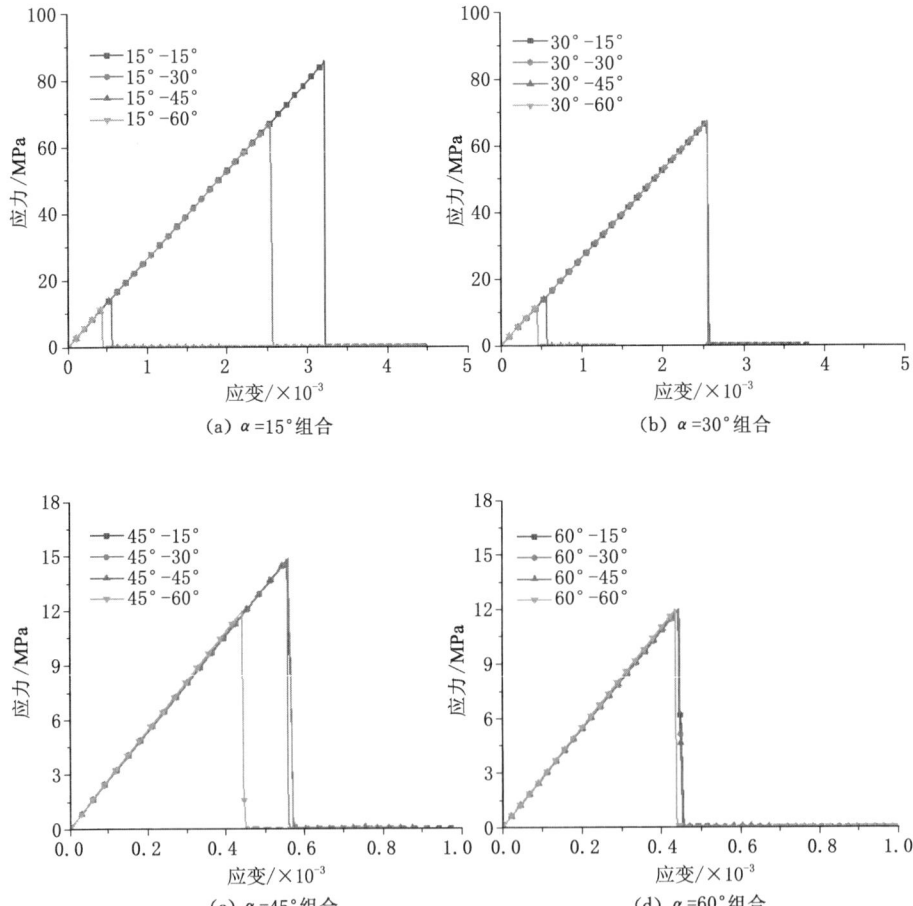

图 4-15　单轴压缩条件下不同裂隙相交组合岩体应力-应变曲线

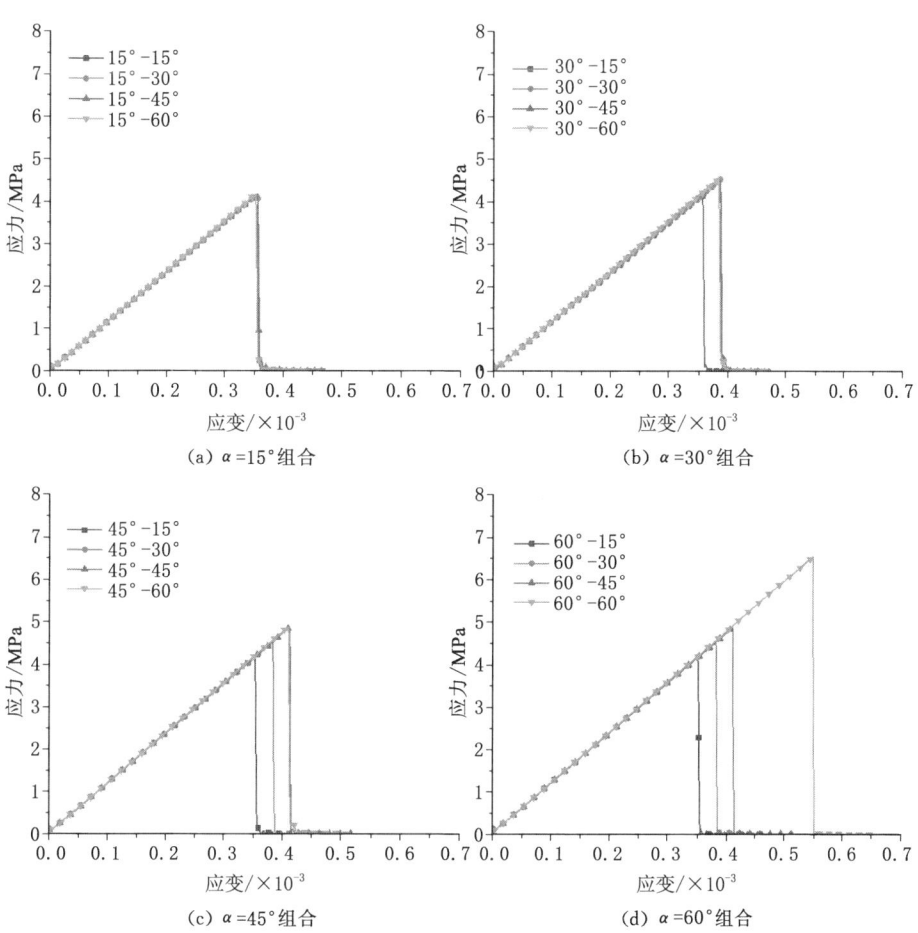

图 4-16　单轴拉伸条件下不同裂隙相交组合岩体的应力-应变曲线

如图 4-16、图 4-17 所示,应力-应变曲线的变化形式基本一致。施加位移载荷后,应力呈线性增加,当达到岩体所能承受的极限载荷后,岩体破坏后应力突然下降,表现出明显的脆性特征。裂隙相交角度对岩体力学特性的显著影响主要表现为岩体强度的弱化。

由 4.3 节结论可知:单轴抗压强度 σ_c 随裂隙倾角 α 的增大呈现 U 形变化趋势,并在 $\alpha=58.4°$ 时达到最小值;单轴抗拉强度 σ_t 随 α 的增大呈现线性变化趋势。本节中,仅考虑 $\alpha=15°$、$30°$、$45°$、$60°$ 四种情况,其中四者的强度关系为:$\sigma_{c15°}>\sigma_{c30°}>\sigma_{c45°}>\sigma_{c60°}$;$\sigma_{t15°}<\sigma_{t30°}<\sigma_{t45°}<\sigma_{t60°}$。

在单轴压缩试验中(具体数据见表 4-10):

表 4-10　单轴压缩条件下裂隙相交角度对岩体力学特性的影响

主裂隙 α_1	次裂隙 α_2	相交裂隙 β	相交裂隙试样		单一裂隙试样	
			抗压强度 σ_c/MPa	弹性模量 E_c/GPa	抗压强度 σ_c/MPa	弹性模量 E_c/GPa
15°	15°	30°	85.56	26.41	85.56	28.82
	30°	45°	67.21	26.41	67.21	28.82
	45°	60°	14.86	26.53	14.86	28.92
	60°	75°	11.98	26.96	11.98	29.46
30°	15°	45°	67.21	26.41	85.56	28.82
	30°	60°	67.21	26.41	67.21	28.82
	45°	75°	14.86	26.53	14.86	28.92
	60°	90°	11.98	26.96	11.98	29.46
45°	15°	60°	14.86	26.53	85.56	28.82
	30°	75°	14.86	26.53	67.21	28.82
	45°	90°	14.86	26.53	14.86	28.92
	60°	105°	11.98	26.96	11.98	29.46
60°	15°	75°	11.98	26.96	85.56	28.82
	30°	90°	11.98	26.96	67.21	28.82
	45°	105°	11.98	26.96	14.86	28.92
	60°	120°	11.98	26.96	11.98	29.46

　（1）当主裂隙倾角 $\alpha_1 = 15°$，随着相交角度 β 的不断增大，次裂隙 α_2 不断增大，此时主裂隙和次裂隙会发生转换，使得相交角度 β 与抗压强度 σ_c 呈现负相关变化趋势。当 β 由 30°增加至 75°时，σ_c 由 85.56 MPa 降低至 11.98 MPa，降幅达 86.0%；弹性模量 E_c 基本保持不变；

　（2）当主裂隙倾角 $\alpha_1 = 60°$，随着相交角度 β 的不断增大，次裂隙 α_2 不断增大，但此时主裂隙和次裂隙并未发生转换，岩体强度受主裂隙 $\alpha_1 = 60°$ 控制，强度保持恒定（$\sigma_c = 11.98$ MPa），弹性模量 E_c 基本保持不变。

　在单轴拉伸试验中（具体数据见表 4-11）：

　（1）当主裂隙倾角 $\alpha_1 = 15°$，随着相交角度 β 的不断增大，次裂隙 α_2 不断增大，此时主裂隙和次裂隙并未发生转换，岩体强度受主裂隙 $\alpha_1 = 15°$ 控制，强度保持恒定（$\sigma_t = 4.17$ MPa），弹性模量 E_t 基本保持不变。

　（2）当主裂隙倾角 $\alpha_1 = 60°$，随着相交角度 β 的不断增大，次裂隙 α_2 不断增大，此时主裂隙和次裂隙会发生转换，使得相交角度 β 与抗拉强度 σ_t 呈现正相关变化趋势。当 β 由 75°增加至 120°时，σ_t 由 4.17 MPa 增加至 6.57 MPa,增幅达 57.55%;弹性模量 E_t 基本保持不变。

因此,相交裂隙条件下,岩体的强度受"最弱裂隙"控制,这与"单弱面理论"所推导出的结果基本一致。

表 4-11　单轴拉伸条件下裂隙相交角度对岩体力学特性的影响

主裂隙 α_1	次裂隙 α_2	相交裂隙 β	相交裂隙试样		单一裂隙试样	
			抗拉强度 σ_t/MPa	弹性模量 E_t/GPa	抗拉强度 σ_t/MPa	弹性模量 E_t/GPa
15°	15°	30°	4.17	12.17	4.17	12.17
	30°	45°	4.17	12.17	4.52	12.17
	45°	60°	4.17	12.17	4.88	12.18
	60°	75°	4.17	12.17	6.57	12.27
30°	15°	45°	4.17	12.17	4.17	12.17
	30°	60°	4.52	12.17	4.52	12.17
	45°	75°	4.52	12.17	4.88	12.18
	60°	90°	4.52	12.17	6.57	12.27
45°	15°	60°	4.17	12.17	4.17	12.17
	30°	75°	4.52	12.17	4.52	12.17
	45°	90°	4.88	12.18	4.88	12.18
	60°	105°	4.88	12.18	6.57	12.27
60°	15°	75°	4.17	12.17	4.17	12.17
	30°	90°	4.52	12.17	4.52	12.17
	45°	105°	4.88	12.18	4.88	12.18
	60°	120°	6.57	12.27	6.57	12.27

4.7　本章小结

本章基于 3DEC 离散元分析软件,考虑裂隙空间特征参数(裂隙倾角、间距、密度及相交角度)对岩体宏观力学特性的影响,建立了预含不同空间特征裂隙的试样尺度数值模型群,并分别开展了单轴拉伸、压缩数值试验,通过对比不同裂隙空间特征影响下岩体的应力-应变关系,研究揭示了裂隙空间特征参数对裂隙岩体拉伸、压缩宏观力学特性的影响规律,得出以下结论:

（1）裂隙倾角对岩体强度有着显著影响。单轴抗压强度随裂隙倾角的增大表现出先减小后增大的特性,整体变化曲线呈 U 形分布,并在 $\alpha = 58.4°$（$\alpha = \pi/4 + \varphi_0/2$）时达到最小值;单轴抗拉强度与裂隙倾角呈正相关变化趋势,整体变化曲线近似线性分布。

（2）岩体强度随裂隙间距的减小而降低,而当间距 d 减小到一定程度后,岩体强度也将趋于某一特定值而不再发生改变。当岩体破坏形式不同时,随着裂隙间距的减小,岩体强度的降低幅度也有所不同;裂隙间距对岩体强度的影响还与裂隙倾角有关,表现出明显的各向异性。

（3）裂隙密度对岩体弹性模量影响十分显著,二者呈现明显的负相关变化趋势,但对岩体强度的影响可忽略不计。

（4）裂隙相交角度对岩体强度的影响效果明显。两条裂隙均会对岩体强度产生影响,且有主次之分,随着相交角度的变化,主裂隙与次裂隙也会发生转换,岩体强度受主裂隙所控制;裂隙相交角度对岩体弹性模量仅产生了微弱影响。

5　裂隙力学参数对岩体力学特性的影响规律

在离散元法、界面法等方法中,通常将裂隙视为独立个体且具有独立力学参数的结构单元,因此结构单元即裂隙的力学参数(法向刚度、切向刚度、黏聚力、内摩擦角等)对岩体大到宏观工程的表现,小到岩块回转移动,都具有十分显著的影响。因此,裂隙力学参数的改变对岩石力学特性影响的研究是十分有必要的。

现阶段,通过实验室测试及现场实测等手段获取准确的裂隙力学参数十分困难[96]。因而采用数值模拟手段,在考虑单一裂隙前提下,探究裂隙力学参数对岩体拉伸、压缩宏观力学特性的影响规律,揭示裂隙力学参数对岩体力学特性时劣化效应。

5.1　裂隙切向刚度及刚度系数对岩体力学特性的影响

本章数值模拟试验所采用的岩体物理力学参数见表 5-1,计算模型如图 5-1所示。

表 5-1　岩体物理力学参数

项目	密度/(kg/m³)	体积模量/GPa	剪切模量/GPa	黏聚力/MPa	内摩擦角/(°)	抗拉强度/MPa
参数	2 884	26.3	12.15	24.7	30	8.79

在以往的研究中,通常假设裂隙的切向刚度 k_s 为 $1\sim20$ GPa/mm,法向刚度与切向刚度系数 $k(k_n/k_s)$ 为 $1\sim10$[97-102]。基于此,假设裂隙的切向刚度为 3 GPa/mm、8 GPa/mm、15 GPa/mm,刚度系数 k 为 2、3、5、8。本节将考虑裂隙刚度及刚度系数对岩体宏观力学特性的影响,建立预含单一裂隙(裂隙倾角分别为 15°、30°、45°、60°)不同切向刚度及刚度系数的试验尺度数值计算模型(如图 5-1所示),并分别开展单轴拉伸、压缩数值试验,通过对比不同裂隙切向刚度及刚度系数影响下岩体的应力-应变曲线,研究裂隙切向刚度、刚度系数对裂隙岩体拉伸、压缩宏观力学特性的影响规律,揭示裂隙切向刚度及刚度系数对岩体

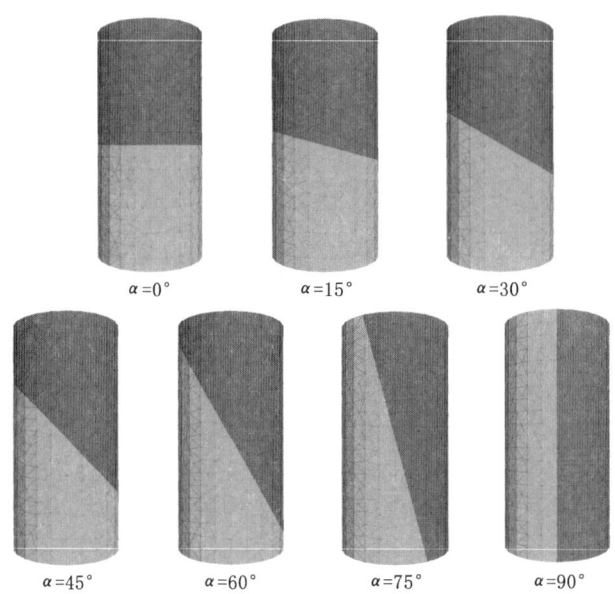

图 5-1　单一裂隙不同力学参数模型示意图

力学特性劣化效应。具体试验方案见表 5-2。

表 5-2　试验方案

序号	α	k_s/(GPa/mm)	k_n/(GPa/mm)
1	15°	3	6,9,15,24
		8	16,24,40,64
		15	30,45,75,120
2	30°	3	6,9,15,24
		8	16,24,40,64
		15	30,45,75,120
3	45°	3	6,9,15,24
		8	16,24,40,64
		15	30,45,75,120
4	60°	3	6,9,15,24
		8	16,24,40,64
		15	30,45,75,120

Potyondy、Diederich 等[103-104]试验结果表明:岩体的泊松比 μ 与刚度系数 k 的比值密切相关。如图 5-2、图 5-3 所示,在裂隙倾角保持恒定条件下,随着刚度系数的增大,泊松比 μ 呈现较为明显的增长趋势,二者呈正相关变化趋势;而在其他条件保持恒定的情况下,通过改变裂隙切向刚度 k_s 大小,此时泊松比 μ 出现了降低现象,呈现负相关变化趋势;在裂隙切向刚度、刚度系数不变的情况下,通过改变裂隙倾角 α,泊松比 μ 的变化为先上升后下降,呈倒 U 形变化趋势。具体表现为:

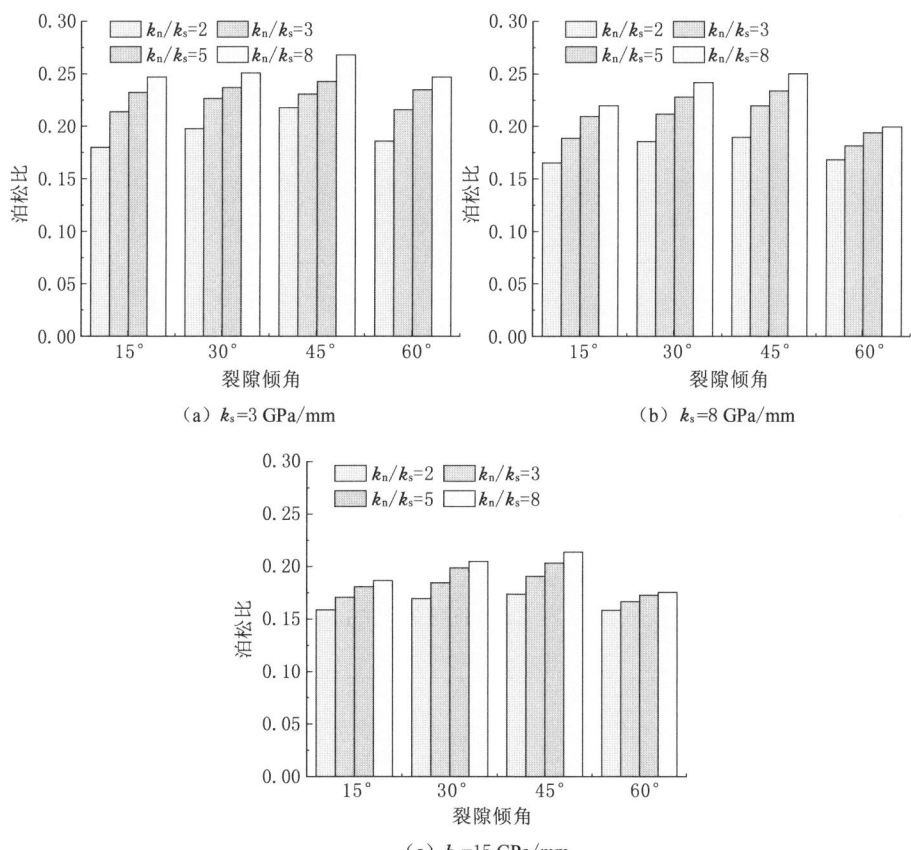

图 5-2 单轴压缩条件下裂隙切向刚度、刚度系数对岩体泊松比的影响

(1) 当 $\alpha=15°$、$k_s=3$ GPa/mm 时,k 由 2 增加至 8 时,μ_c(压缩泊松比)由 0.180 增长至 0.247,增幅达 37.22%;μ_t(拉伸泊松比)由 0.169 增长至 0.227,增幅达 34.32%;泊松比 μ 与刚度系数 k 呈正相关变化趋势。

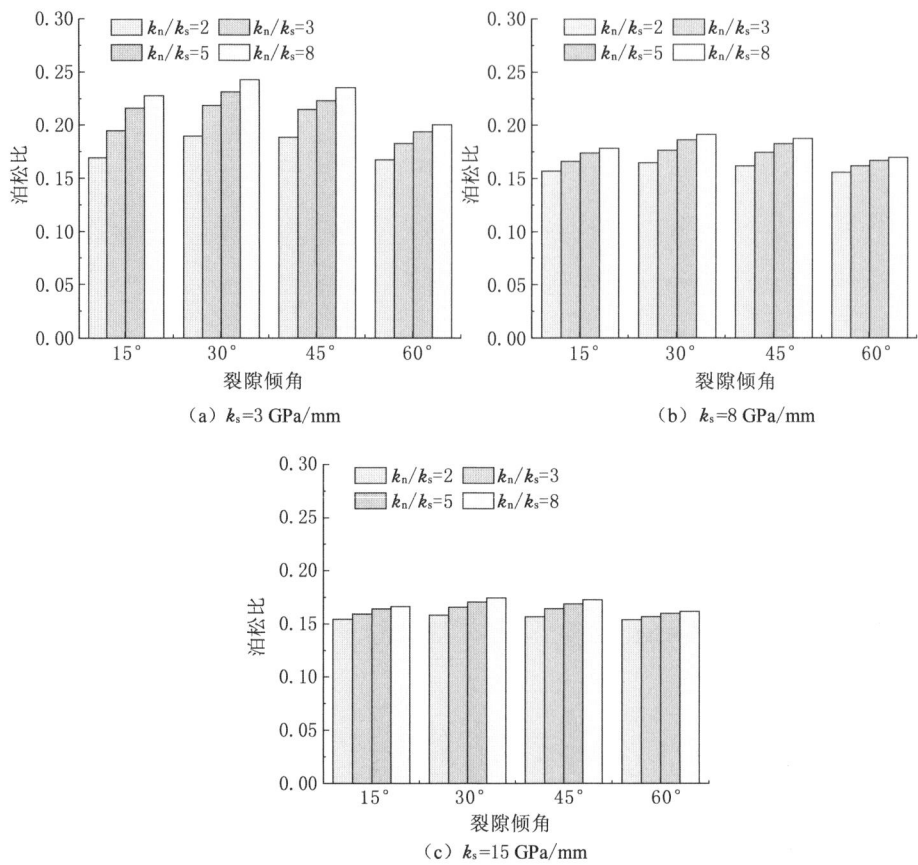

图 5-3　单轴拉伸条件下裂隙切向刚度、刚度系数对岩体泊松比的影响

（2）当 $k=3$、$k_s=3$ GPa/mm 时，α 由 $15°$ 增加至 $60°$ 时，泊松比 μ 先增大后减小，μ_c 在 $\alpha=45°$ 时达到最大值，$\mu_{cmax}=0.218$；μ_t 在 $\alpha=30°$ 时达到最大值，$\mu_{tmax}=0.231$。

（3）当 $\alpha=15°$、$k=5$ 时，k_s 由 3 GPa/mm 增加至 15 GPa/mm 时，μ_c 由 0.232 降低至 0.181，降幅达 21.98%；μ_t 由 0.215 降低至 0.164，降幅达 23.72%；泊松比 μ 与切向刚度 k_s 呈负相关变化趋势。

单轴拉伸条件下，抗拉强度 σ_t 随裂隙切向刚度、刚度系数的改变仅发生微小变化，具体数据见表 5-3，通过试验结果分析可知，σ_t 受倾角 α 影响显著，裂隙切向刚度及刚度系数影响可基本忽略不计。

表 5-3 不同裂隙倾角下裂隙切向刚度及刚度系数对岩体强度的影响

裂隙倾角 /α	刚度 系数/k	抗压强度 σ_c			抗拉强度 σ_t		
		3 GPa/mm	8 GPa/mm	15 GPa/mm	3 GPa/mm	8 GPa/mm	15 GPa/mm
15°	2	77.14	85.00	85.26	4.16	4.16	4.17
	3	76.10	84.93	85.23	4.17	4.17	4.16
	5	76.06	84.91	85.24	4.17	4.16	4.17
	8	76.03	84.88	85.23	4.16	4.17	4.17
30°	2	61.45	66.76	66.96	4.53	4.53	4.53
	3	61.12	66.31	66.58	4.52	4.53	4.53
	5	61.82	65.51	66.01	4.52	4.53	4.53
	8	61.22	64.75	65.44	4.53	4.53	4.53
45°	2	14.84	14.88	14.90	4.86	4.89	4.88
	3	14.84	14.88	14.92	4.86	4.89	4.89
	5	14.84	14.87	14.93	4.88	4.88	4.88
	8	14.84	14.84	14.88	4.86	4.89	4.89
60°	2	11.96	11.96	11.96	6.57	6.56	6.57
	3	11.96	11.96	11.96	6.57	6.57	6.56
	5	11.98	11.95	11.62	6.57	6.57	6.57
	8	11.97	11.98	11.96	6.57	6.57	6.56

而在压缩试验中,$\alpha = 15°$时,抗压强度 σ_c 随裂隙切向刚度及刚度系数的改变整体波动明显。具体表现为:

(1) $k_n = 3$ GPa/mm 保持恒定条件下,刚度系数 k 由 2 增加至 8 时,σ_c 由 77.14 MPa 减小至 76.03 MPa;随着 k 增大到一定程度,此时 σ_c 也将趋向于某一定值。

(2) $k_n/k_s = 2$ 保持恒定条件下,k_s 由 3 GPa/mm 增加至 15 GPa/mm 时,σ_c 由 77.14 MPa 增加至 85.26 MPa,增幅达 10.53%,二者呈正相关变化趋势。

岩体弹性模量与切向刚度、刚度系数 k 的比值密切相关。如图 5-4、图 5-5 所示,在裂隙倾角 α 保持恒定条件下,随着刚度系数的增大,弹性模量也随之增大,呈现正相关变化趋势;而在其他条件不变的情况下,通过改变切向刚度 k_s 的大小,此时弹性模量表现为显著增长,二者呈正相关变化趋势。具体表现为:

(1) 当 $\alpha = 15°$、$k_s = 3$ GPa/mm 时,k 由 2 增加至 8 时,拉伸弹性模量 E_t 由

10.39 GPa 增长至 11.77 GPa,增幅达 13.28%,压缩弹性模量 E_c 由 20.46 GPa 增长至 26.61 GPa,增幅达 30.01%,二者呈正相关变化趋势。

（2）当 $k_s=3$ GPa/mm、$k=3$ 时,弹性模量随 α 先减小后增大,呈 U 形变化,并在 $\alpha=45°$ 时达到最小值,$E_{tmin}=10.29$ GPa,$E_{cmin}=21.11$ GPa。

（3）当 $\alpha=15°$、$k=5$ 时,k_s 由 3 GPa/mm 增加至 15 GPa/mm 时,E_t 由 11.46 GPa 增长至 12.40 GPa,增幅达 8.2%,E_c 由 25.10 GPa 增长至 30.50 GPa,增幅达 21.51%,二者呈正相关变化趋势。

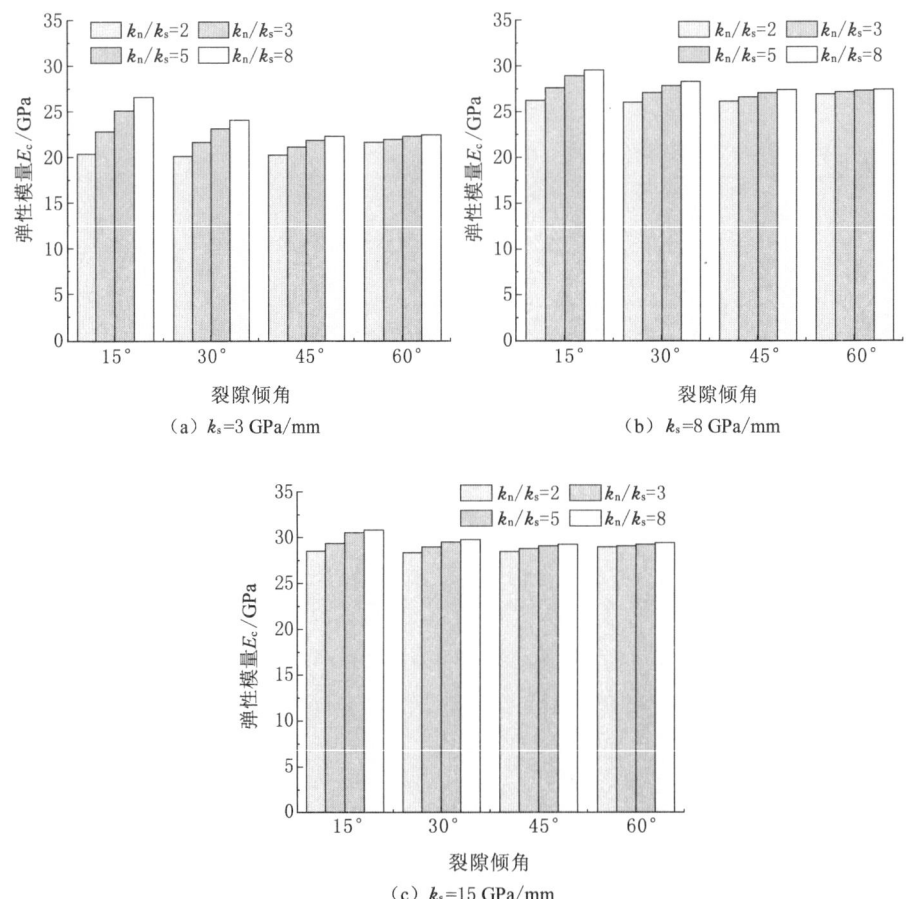

图 5-4　单轴压缩条件下裂隙切向刚度、刚度系数对岩体弹性模量的影响

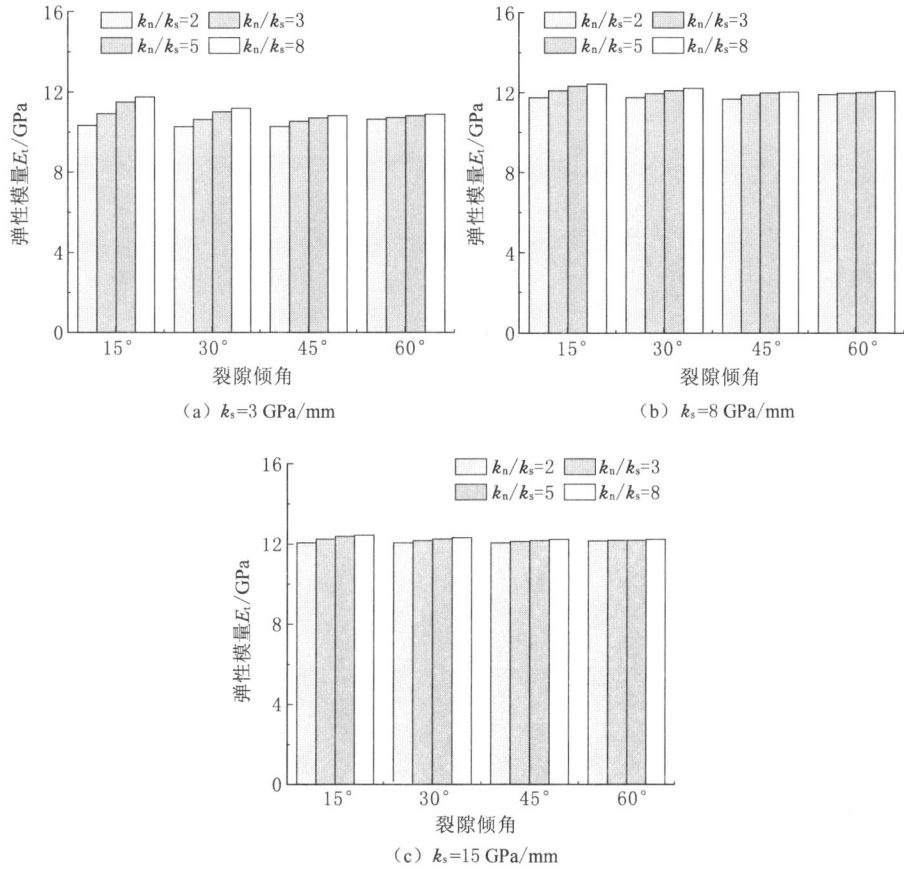

图 5-5 单轴拉伸条件下裂隙切向刚度、刚度系数对岩体弹性模量的影响

5.2 裂隙黏聚力、内摩擦角对岩体力学特性的影响

本节中,考虑裂隙黏聚力及内摩擦角对岩体宏观力学特性的影响,建立预含单一裂隙(裂隙倾角分别为 0°、15°、30°、45°、60°、75°、90°)不同裂隙黏聚力及内摩擦角的试验尺度数值模型(如图 5-1 所示),并分别开展单轴拉伸、压缩数值试验,通过对比不同裂隙黏聚力及内摩擦角影响下岩体的应力-应变关系,探究裂隙黏聚力及内摩擦角对裂隙岩体拉伸、压缩宏观力学特性的影响规律,揭示裂隙黏聚力及内摩擦角对岩体力学特性的劣化效应。

为定量表征裂隙力学特性对岩体强度和变形特征的影响,引入无量纲的参数 σ_1/σ_R、E_1/E_R,将岩体强度、弹性模量进行归一化处理。其中,σ_1 为不同裂隙倾角时岩体强度,σ_R 为完整岩体的强度,E_1 为不同裂隙倾角时岩体弹性模量,E_R 为完整岩体弹性模量。

5.2.1 裂隙黏聚力对岩体力学特性的影响

裂隙黏聚力的影响研究通过将黏聚力在基础值($c_{tj} = 3.67$ MPa)的基础上进行 5 种不同程度($\lambda = 1$、0.5、0.3、0.2、0.1)的折减来进行计算,其他参数保持不变。以完整岩体的力学特性($\sigma_c = 85.56$ MPa、$E_c = 31.63$ GPa、$\sigma_t = 8.78$ MPa、$E_t = 12.63$ GPa)为标准,对结果进行归一化处理。

如图 5-6(a)所示,裂隙黏聚力 c_{tj} 的降低会使裂隙岩体的抗压强度 σ_c 呈现出明显的 U 形变化特征,且黏聚力越小,U 形的跨度及深度越大,这是由于黏聚力的减小会使裂隙的抗剪强度降低,从而使得 σ_c 的降低。当裂隙倾角 $\alpha \leqslant 15°$ 时,c_{tj} 的降低对 σ_c 基本无影响;当 $15° < \alpha \leqslant 75°$ 时,c_{tj} 的降低会引起 σ_c 的大幅度降低,$\alpha = 30°$ 时达到最大降幅(70.55%);当 $75° < \alpha < 90°$ 时,抗压强度随 c_{tj} 的降低出现小幅度下降,最大降幅不超过 15.27%。

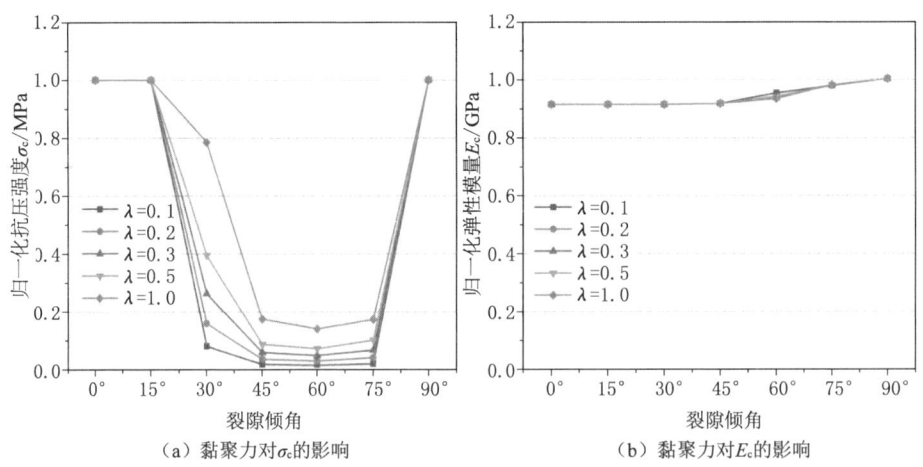

(a) 黏聚力对 σ_c 的影响　　　　(b) 黏聚力对 E_c 的影响

图 5-6　单轴压缩条件下裂隙黏聚力对岩体力学特性的影响

如图 5-6(b)所示,裂隙黏聚力 c_{tj} 的改变对压缩弹性模量 E_c 的影响十分有限,当裂隙倾角 $\alpha \leqslant 45°$,c_{tj} 的减小并未使得 E_c 发生改变;当 $45° < \alpha \leqslant 75°$ 时,c_{tj} 的降低使得 E_c 出现了一定增大,并在 $\alpha = 60°$ 时达到最大值($E_c = 12.80$ GPa);当裂隙倾角 $\alpha > 75°$ 时,对黏聚力 c_{tj} 进行折减并未使弹性模量继续降低;当 $\alpha = 90°$

时,折减系数 λ 由 1 变为 0.1 时,E_c 基本保持不变。

如图 5-7(a)所示,裂隙黏聚力 c_{tj} 的降低使得裂隙岩体抗拉强度 σ_t 呈现明显降低的变化特征,且黏聚力越小,降低幅度越大。不同倾角条件下,裂隙黏聚力 c_{tj} 对 σ_t 的影响程度不同,影响程度与倾角 α 呈正相关变化趋势,并在 $\alpha = 75°$ 时影响程度达到最大,此时 σ_t 由 7.67 MPa 降低至 1.30 MPa,最大降幅达 72.52%。当 $\alpha = 90°$ 时,对 c_{tj} 的不同折减对 σ_t 基本无影响。

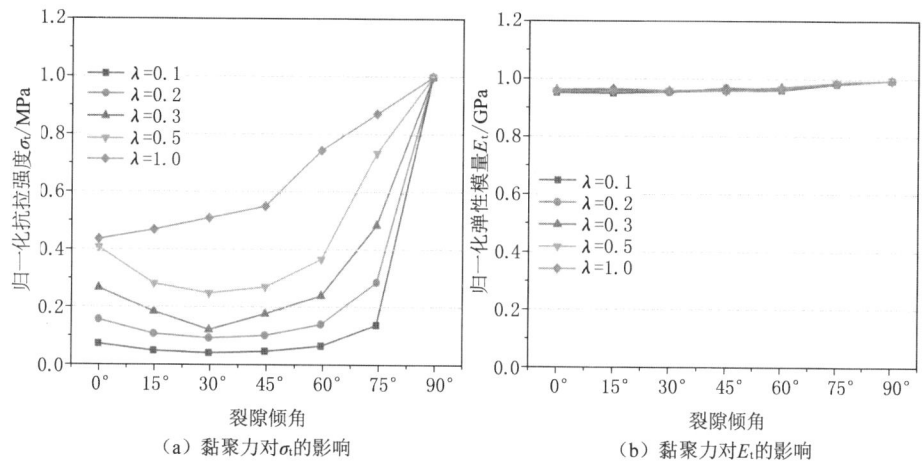

（a）黏聚力对 σ_t 的影响　　　　　　（b）黏聚力对 E_t 的影响

图 5-7　单轴拉伸条件下裂隙黏聚力对岩体力学特性的影响

如图 5-7(b)所示,裂隙黏聚力 c_{tj} 的改变对拉伸弹性模量 E_t 的影响十分有限,在不同裂隙倾角条件下,通过对 c_{tj} 进行不同程度的折减,E_t 的最大变化幅度不超过 4%,可认为 c_{tj} 的改变对 E_t 的基本无影响。

5.2.2　裂隙内摩擦角对岩体力学特性的影响

裂隙内摩擦角的影响研究是通过将内摩擦角在基础值($\varphi_j = 30°$)的基础上进行 5 种不同程度(0.1、0.3、0.5、0.7、1.0)的折减来进行计算,其他参数保持不变。以完整岩体的力学特性($\sigma_c = 85.56$ MPa、$E_c = 31.63$ GPa、$\sigma_t = 8.78$ MPa、$E_t = 12.63$ GPa)为标准,对结果进行归一化处理。

如图 5-8(a)所示,裂隙内摩擦角 φ_j 的降低会造成岩体抗压强度 σ_c 的降低,这是由于 φ_j 的降低会导致裂隙抗剪强度的降低,进而导致抗压强度的降低。当 $\alpha \leqslant 15°$ 时,φ_j 的改变对 σ_c 基本无影响;当 $30° < \alpha < 75°$ 时,不同倾角条件下,裂隙内摩擦角 φ_j 对 σ_c 的影响程度不同,影响程度与倾角 α 呈负相关变化趋势,并在

$\alpha=30°$时影响程度达到最大(折减系数λ由1变为0.1,σ_c由67.21 MPa降低至9.34 MPa,降幅达86%);当裂隙倾角$\alpha>75°$时,内摩擦角的改变对抗压强度的影响十分有限。如图5-8(b)所示,φ_j的改变对不同倾角裂隙岩体压缩弹性模量E_c基本无影响。

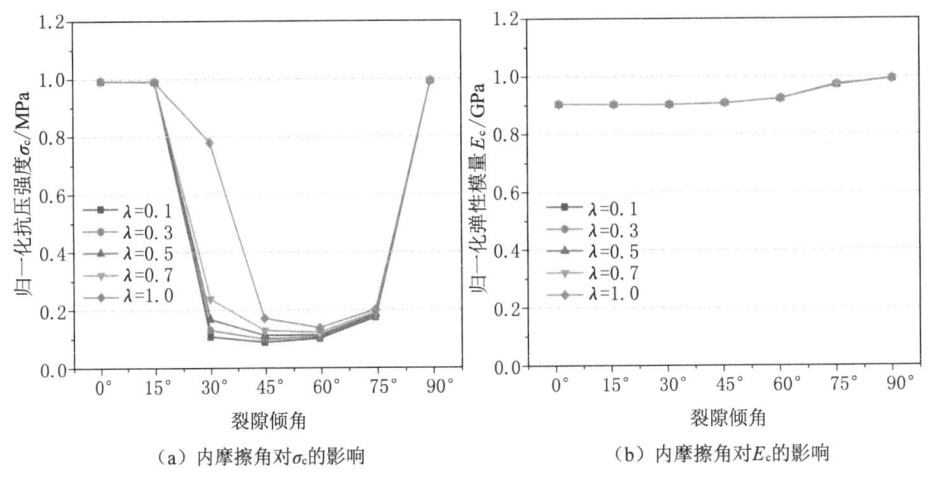

（a）内摩擦角对σ_c的影响　　　　　（b）内摩擦角对E_c的影响

图5-8　单轴压缩条件下裂隙内摩擦角对岩体力学性能的影响

如图5-9(a)所示,裂隙内摩擦角φ_j的降低会造成裂隙岩体抗拉强度σ_t的升高,这是由于裂隙内摩擦角的降低会导致裂隙抗剪强度的增大,进而导致抗拉强度的增大。当$\alpha\leqslant15°$时,φ_j的改变对σ_t基本无影响;当$\alpha=30°$,φ_j的降低使得σ_t有着一定程度的提升,但不同程度的折减对σ_t影响基本一致,与$\lambda=1$相比抗拉强度σ_t增幅约为7.6%;当$30°<\alpha<75°$时,φ_j的降低使得σ_t有着显著提升,具体表现为(折减系数λ由1变为0.1):$\alpha=45°$时,σ_t由4.88 MPa增加至7.02 MPa,此时增幅达到最大,最大增幅为43.85%;$\alpha=60°$时,此时σ_t达到最大值($\sigma_t=8.27$ MPa),增幅达19.30%。当裂隙倾角$\alpha\geqslant75°$时,φ_j的改变对σ_t基本无影响。如图5-9(b)所示,内摩擦角φ_j的改变对不同倾角裂隙岩体拉伸弹性模量基本无影响,折减系数λ由1变为0.1,E_t的最大变化幅度不超过3.5%。

5.2.3　裂隙抗拉强度对岩体力学特性的影响

考虑裂隙抗拉强度对岩体宏观力学特性的影响,建立预含单一裂隙(裂隙倾角分别为0°、15°、30°、45°、60°、75°、90°)不同裂隙抗拉强度的试验尺度数值模型(如图5-1所示)并分别开展单轴拉伸、压缩数值试验,通过对比不同裂隙抗拉强

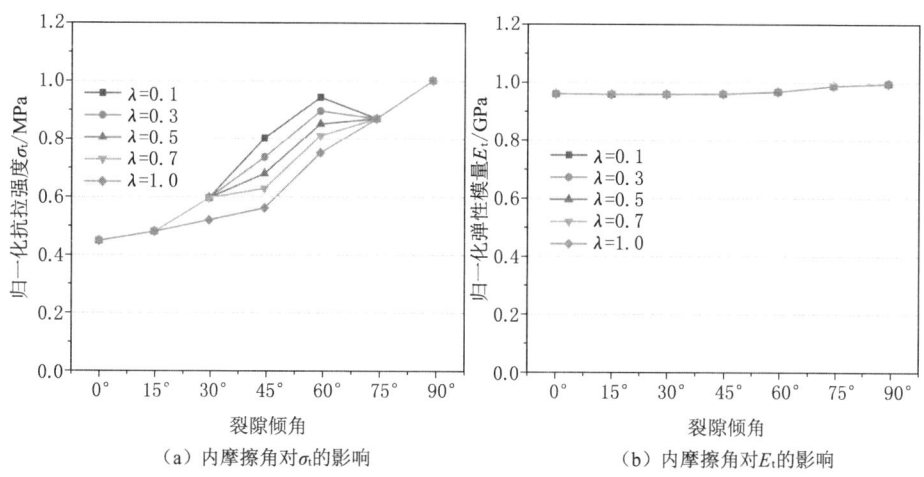

（a）内摩擦角对σ_t的影响　　　　　　　（b）内摩擦角对E_t的影响

图 5-9　单轴拉伸条件下裂隙内摩擦角对岩体力学特性的影响

度影响下岩体的应力-应变关系,探究裂隙抗拉强度对裂隙岩体拉伸、压缩宏观力学特性的影响规律,揭示裂隙抗拉强度对岩体力学特性的劣化效应。

　　裂隙抗拉强度的影响研究是通过将拉强度在基础值($\sigma_{tj}=3.88$ MPa)的基础上进行 5 种不同程度(0.1、0.3、0.5、0.7、1.0)的折减来进行计算,其他参数保持不变。以完整岩体力学特性($\sigma_c=85.56$ MPa、$E_c=31.63$ GPa、$\sigma_t=8.78$ MPa、$E_t=12.63$ GPa)为标准,对结果进行归一化处理。由于压缩条件下裂隙抗拉强度对岩体宏观力学特性基本无影响,因而本节仅讨论拉伸条件下裂隙抗拉强度对岩体宏观力学特性的影响。

　　如图 5-10(a)所示,裂隙抗拉强度 σ_{tj} 的降低会造成裂隙岩体抗拉强度 σ_t 的降低,但降幅明显低于黏聚力改变所引起的降幅。当裂隙倾角 $\alpha \leqslant 30°$ 时,σ_{tj} 的改变对 σ_t 影响较为明显。随着倾角 α 的逐渐增大(λ 由 1 变为 0.1),σ_{tj} 改变对 σ_t 的影响呈现倒 U 形变化,并在 $\alpha=60°$ 时达到最大值($\sigma_t=6.57$ MPa,增幅为 57.1%),随着 α 的继续增大,σ_{tj} 改变对 σ_t 的影响逐渐减小,当 $\alpha=90°$ 时,σ_{tj} 的改变对 σ_t 基本无影响。

　　如图 5-10(b)所示,折减系数 λ 由 1 变为 0.1,拉伸弹性模量 E_t 的最大变化幅度为不超过 3%,可认为裂隙抗拉强度 σ_{tj} 的改变对不同倾角裂隙岩体弹性模量 E_t 基本无影响。

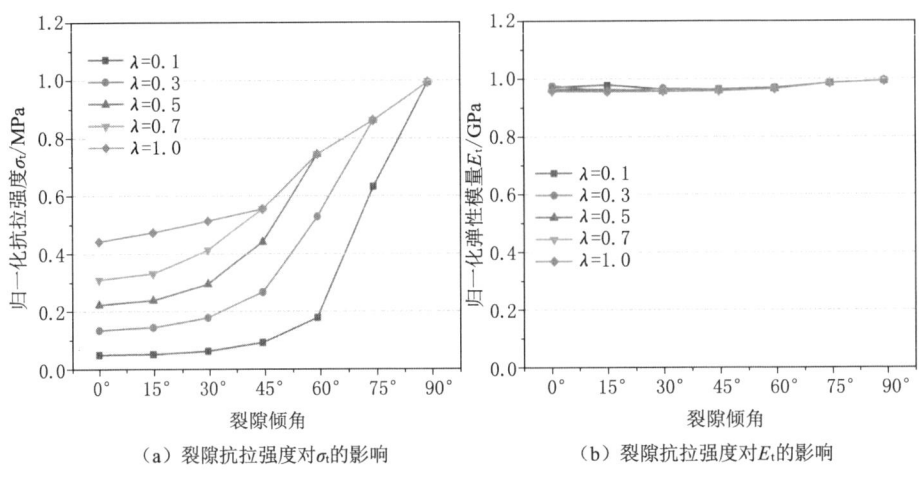

（a）裂隙抗拉强度对σ_t的影响　　　　　（b）裂隙抗拉强度对E_t的影响

图 5-10　单轴拉伸条件下裂隙抗拉强度对岩体力学特性的影响

5.3　本章小结

　　本章节基于 3DEC 离散元分析软件,考虑裂隙力学参数(裂隙切向刚度、刚度系数、黏聚力、内摩擦角及抗拉强度)对岩体宏观力学特性的影响,建立了预含单一裂隙不同裂隙力学参数的试验尺度数值计算模型,并分别开展了单轴拉伸、压缩数值试验,通过对比不同裂隙力学参数影响下岩体的应力-应变关系,研究了裂隙力学参数对裂隙岩体拉伸、压缩宏观力学特性的影响规律,得出以下结论:

　　(1)岩体的泊松比与裂隙切向刚度、刚度系数密切相关。切向刚度保持恒定时,随着刚度系数的增大,泊松比呈现较为明显的增长趋势,二者呈正相关变化趋势;刚度系数保持恒定时,泊松比随切向刚度的增大而减小,二者呈现负相关变化趋势。此外,裂隙倾角也会对泊松比产生一定的影响,切向刚度、刚度系数保持恒定时,泊松比随裂隙倾角的增大表现出先上升后下降特性,整体变化曲线呈倒 U 形。岩体强度受裂隙切向刚度、刚度系数影响较小。岩体弹性模量与切向刚度、刚度系数密切相关。裂隙倾角及切向刚度保持恒定时,岩石的弹性模量随刚度系数的增大而增大,二者呈正相关变化趋势;而在裂隙倾角及刚度系数保持恒定时,随着切向刚度增大,弹性模量表现出显著的增长趋势,二者呈正相关变化趋势。

　　(2)裂隙黏聚力的降低使得岩体抗压强度呈现出明显的 U 形变化特征,且黏聚力越小,U 形的跨度及深度越大;黏聚力的降低使得岩体抗拉强度呈现明显降低的变化特征,且黏聚力越小,降低幅度越大。裂隙黏聚力的改变对岩体弹性模量的影响十分有限,在不同裂隙倾角条件下,通过对黏聚力进行不同程度的折减,弹性模量的最大变化幅度不超过 4%。

(3) 裂隙内摩擦角的降低会造成岩体抗压强度的降低,当 α 在区间[30°,75°]时,内摩擦角对抗压强度的影响程度随倾角的增大而减小,二者呈负相关变化趋势。内摩擦角的降低会导致裂隙岩体抗拉强度的升高,且影响程度受裂隙倾角的影响表现出明显的各向异性。而当倾角 $\alpha \geq 75°$ 时,内摩擦角的改变对岩体强度基本无影响。摩擦角的改变对不同倾角裂隙岩体弹性模量基本无影响,折减系数 λ 由 1 变为 0.1,弹性模量的最大变化幅度不超过 3.5%。

(4) 裂隙抗拉强度的降低会造成裂隙岩体抗拉强度的降低,但影响程度明显低于裂隙黏聚力改变所引起的降幅;而裂隙抗拉强度的改变对不同倾角裂隙岩体弹性模量基本无影响。

6 "裂隙特征-岩体力学特性"非线性关系研究

由于岩石在复杂的应力环境下常会产生具有复杂空间特征的节理、裂隙等弱结构面,这些弱结构面使岩体力学特性出现明显的劣化,现场所取煤岩样强度具有很大的离散性,给巷道围岩的稳定性分析带来了难度。因此,无论是根据含节理试样力学特性推算完整试样力学特性,还是根据岩体原有力学特性与内部节理空间分布特征来推算节理岩体的力学特性都十分重要,而节理与岩体力学特性非线性关系的建立则是其中的关键。本章在前期工作的基础上,通过建立一种新型的神经网络模型分别对压、拉应力状态下的节理岩体力学特性进行分析,以研究节理空间分布特征与岩体力学特性的非线性关系。

6.1 数据挖掘理论与技术概述

数据挖掘(Data Mining),又称数据库中知识发现(Knowledge Discovery from Database,KDD),涉及机器学习、人工智能、数据库理论及统计学等学科的交叉研究领域。数据挖掘就是从数据库的大量数据中挖掘出有用的信息,即从大量的、不完全的、有噪声的、模糊的、随机的实际应用的数据中,发现隐含的、规律性的、人们事先未知的,但又是潜在有用的且最终可理解的信息和知道的非平凡过程[105]。数据挖掘现已广泛应用于医疗、教育等行业,其一般过程如图 6-1 所示。

在当今社会生产实践过程中,每时每刻所产生数据量高达亿万级别,这些数据中包含着丰富的有效信息。数据挖掘的出现,为人们在大数据处理方面提供了全新的思路。它是一门集机器学习、数据库、统筹、数据分析等多个学科的交叉学科[106]。

数据挖掘建模过程主要包括以下 6 个方面:

(1)信息收集:根据研究目标,抽象所关注的信息特征,然后选择适当的信息收集方法,如市场调研、网上爬取、数据统计机构所提供的数据等。

(2)数据集成:将不同来源的数据进行整合,为后续的建模工作提供便利。

(3)数据清理:所收集的数据中通常会出现不够完备的信息(数据的某些重

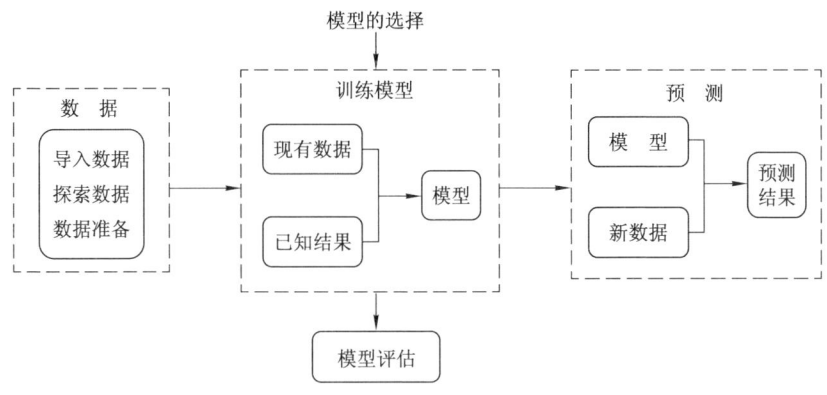

图 6-1 数据挖掘一般过程

要属性缺失)、包含噪声的数据(数据记录表达不清或是记录错误)、出现数据的不一致(同一数据信息在记录中表现出不一致性)。因此需进行数据处理工作,去除不完整、不正确、不一致的数据信息,将有效的数据信息存入数据库,从而减小数据挖掘过程中不必要的误差。

(4) 数据交换:经过数据处理的数据可能并未合理地采用数值型变量或者分类变量表示出来,因此需对数据进行概化处理,使数据更加合理。

(5) 数据挖掘过程:使用有效数据、选取适当分析方法,从而得到有效的数据分析结果。

(6) 知识表示:将分析中所得到的数据结果,并结合实际情况进行分析和拓展,帮助普通用户找到有效的目标信息。

数据挖掘用于在指定数据挖掘任务中找到模式类型,数据挖掘任务一般可分为两类:描述及预测。描述性挖掘任务刻画数据库中数据的一般特性;预测性挖掘任务在当前数据中进行推测和预测。数据挖掘的功能主要体现在以下几个方面:

(1) 分类及预测

分类,即找出一组能够描述数据集合典型特征的模型或函数,以便能够分类识别未知数据的归属或类别,即将位置事例映射到某种离散类别之一。

分类可用于预测数据对象的类标记。但在某些应用中,人们可能希望预测某些空缺或未知的数据值,而不是类标记。当被预测的值是数据数值时,通常称为预测。尽管预测可涉及数据值预测和类标记预测,但通常是指值预测,并不同于分类。预测的同时也包含了基于可用数据的分布趋势识别。

(2) 关联分析

数据关联是大量数据集中普遍存在的现象,有时是一种极其重要的数据形式,数据关联往往隐藏在数据集里面,变量之间会存在一定的联系。数据之间的联系有简单普通关联、时序上关联以及一些因果关系中的联系。关联分析也是为了探寻数据集里面的关系网。

（3）聚类分析

数据集中的数据经常可以看作是若干具有意义的子集,通过操作子集进行相应的数据研究,这时就需要用到聚类操作。聚类技术主要使用一些传统的模式识别应用方法来建模,当然也需要数学分类方法作为铺垫。

（4）类/概念描述:特征化和区别

数据可以与类或概念相关联。一个概念通常是对一个包含大量数据的数据集合体情况的概述。对含大量数据的数据集合进行描述性的总结并获得简明、准确的描述,这种描述就称为类/概念描述。

（5）演变分析

数据演变分析是对随时间变化的数据对象的变化规律和趋势进行建模描述。这一建模手段包括了概念描述、对比概念描述、关联分析、分类分析、时间相关数据分析。时间相关数据分析又包括时序数据分析、序列或周期模式匹配以及基于相似性的数据分析等。

6.2 试验方法及数据库的建立

为研究裂隙对岩体力学特性的影响,针对前文所研究的裂隙空间特征(α、β、n)、力学参数(k_s、k、c、φ_j、σ_t)进行多因素分析。为了使试验结果具有可信性、说服性,采用随机函数对 8 种因素进行随机组合,多组裂隙情况下保持裂隙间距 $d = 5$ mm 恒定,共选取 120 种计算方案,其中 α 取 $0° \sim 90°$、β 取 $0° \sim 90°$、n 取 $1 \sim 6$、k 取 $1 \sim 10$、k_s 取 $1 \sim 15$ GPa/mm、c 取 $0.3 \sim 5.0$ MPa、φ_j 取 $1° \sim 40°$、σ_t 取 $0.3 \sim 5.0$ MPa。岩体力学参数见表 6-1,试验方案见附录 1-1,数据挖掘流程见图 6-2。

表 6-1 岩体物理力学参数

项目	密度 /(kg/m³)	体积模量 /GPa	剪切模量 /GPa	黏聚力 /MPa	内摩擦角 /(°)	抗拉强度 /MPa
参数	2 884	26.3	12.15	24.7	30	8.79

在构建具有多参数输入的预测模型时,输入参数的选择具有至关重要的意义。为评估模型输入参数是否含冗余变量,对 8 个输入变量(α、β、n、k_s、k、c、φ_j、

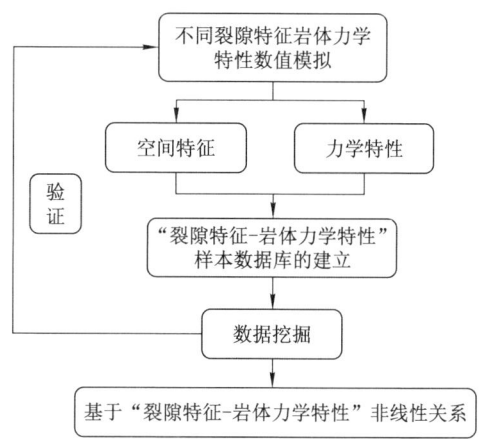

图 6-2　基于"裂隙特征-岩体力学特性"数据挖掘流程图

σ_t)进行相关性分析,见表 6-2。分析结果表明:输入的变量之间存在着较差的相关性,即输入参数不含冗余变量。

表 6-2　裂隙特征参数间的 Pearson 相关系数矩阵

自变量	α	β	n	k_s	k	c	φ_j	σ_t
α	1	−0.007 5	0.048 6	0.004 5	0.121 2	−0.098 6	0.003 9	−0.117 2
β		1.000 0	−0.247 5	−0.009 3	−0.069 5	0.149 0	0.038 1	−0.111 9
n			1.000 0	−0.063 4	−0.080 4	−0.105 8	0.075 6	0.088 8
k_s				1.000 0	0.042 0	0.109 6	−0.014 5	−0.026 1
k					1.000 0	0.004 6	−0.035 5	−0.069 5
c						1.000 0	0.026 8	0.143 1
φ_j							1.000 0	0.125 3
σ_t								1.000 0

对 120 组输入变量进行统计分析,具体见表 6-3,主要包括各参数的变化范围、均值及标准差,而输入变量的范围对模型的预测有着重要的意义。

表 6-3　裂隙特征参数统计

自变量	最小值	最大值	均值	标准差
裂隙倾角 $\alpha/(°)$	2.0	90.0	44.35	24.34
裂隙相交角度 $\beta/(°)$	2.0	90.0	44.59	27.00
裂隙密度 n	1.0	12.0	6.68	3.16
裂隙切向刚度 $k_s/(GPa/mm)$	1.0	15.0	7.63	4.25
刚度系数 k	1.0	10.0	5.43	2.97
裂隙黏聚力 c/MPa	0.3	5.0	2.55	1.33
裂隙内摩擦角 $\varphi_j/(°)$	1.0	40.0	18.48	11.41
裂隙抗拉强度 σ_t/MPa	0.3	5.0	2.83	1.43

6.3　试验结果处理及分析

通过对 120 组试验结果进行统计分析(见表 6-4),试验结果由分布直方图呈现(如图 6-3 所示)以表示每个试验中的样本密度及百分比。

表 6-4　裂隙岩体力学特性统计

力学特性参数	最小值	最大值	均值	标准差
抗压强度 σ_c/MPa	85.33	0.78	18.19	23.38
压缩弹性模量 E_c/GPa	30.73	1.16	15.96	7.03
抗拉强度 σ_t/MPa	7.27	0.30	2.61	1.55
拉伸弹性模量 E_t/GPa	12.60	1.10	8.67	2.73

如图 6-3(a)所示,裂隙岩体单轴抗压强度 σ_c 整体波动明显,其波动范围在 0.78～85.33 MPa,均值为 18.19 MPa,标准差为 23.38 MPa。σ_c 主要集中于 0～20 MPa 区间内,占总样本的 79.17%。

如图 6-3(b)所示,裂隙岩体压缩弹性模量 E_c 整体趋于正态分布,其变化范围在 1.16～30.73 GPa,均值为 15.96 GPa,标准差为 7.03 GPa。E_c 主要集中于 10～25 GPa 区间内,占总样本的 69.73%。

如图 6-3(c)所示,裂隙岩体单轴抗拉强度 σ_t 整体波动较小,其变化范围在 0.30～7.27 MPa,均值为 2.61 MPa,标准差为 1.55 MPa。σ_t 主要集中于 0～5 MPa 区间内,占总样本的 93.33%。

如图 6-3(d)所示,裂隙岩体拉伸弹性模量 E_t 整体波动较小,其变化范围在

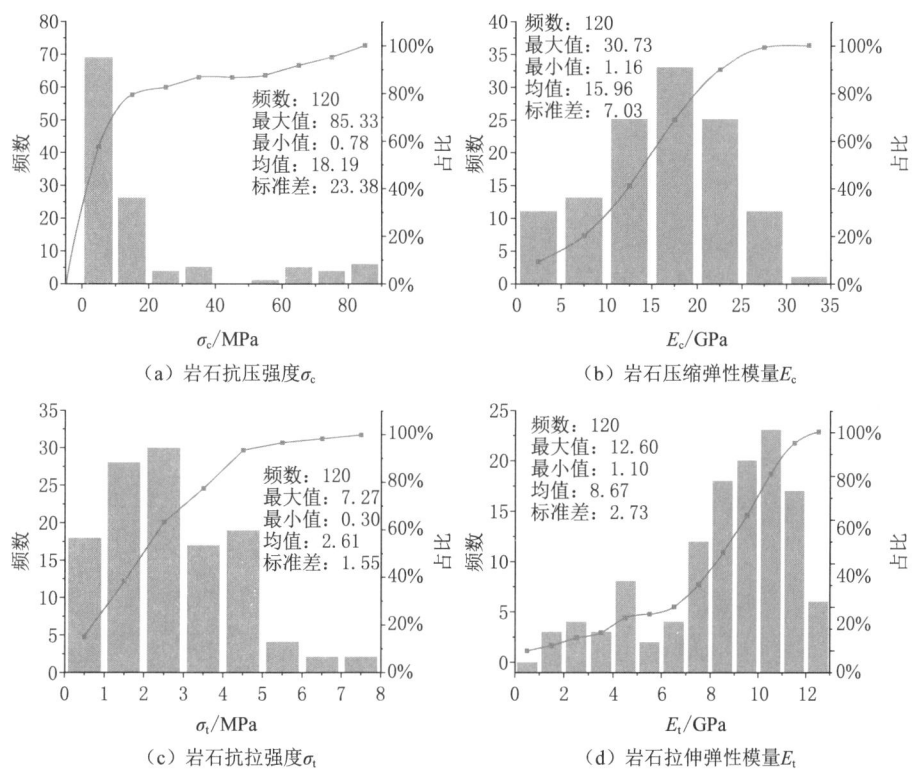

图 6-3　裂隙岩体力学特性分布直方图及统计评估

$1.10 \sim 12.60$ GPa，均值为 8.67 GPa，标准差为 2.73 GPa。E_c 主要集中于 $7 \sim$ 13 GPa 区间内，占总样本的 83.33%。

6.3.1　多元回归分析

多元回归分析（Multiple Regression Analysis，MRA）作为岩石力学中常见统计分析方法，通过建立简单的数学表达式表述各参数与岩体力学特性间的关系。诸多学者通过多元回归分析预测岩体抗压强度 σ_c 及弹性模量 E[107-114]。

通过多元回归获取多个独立变量与单一因变量间的最佳拟合方程，其一般表达式为：

$$Y = a + b_1 x_1 + b_2 x_2 + b_3 x_3 + \cdots + b_4 x_4 + b_n x_n \tag{6-1}$$

式中，Y 为预测因变量的值；a 为 Y 截距；$x_1 \sim x_n$ 为自变量；$b_1 \sim b_n$ 为回归系数。

为检验所建模型的合理性、准确性，通常采用统计学指标 R^2 及 RMSE 进行评判[114-116]（当 $R^2 = 1$ 及 RMSE $= 0$ 时可认为模型的预测能力极佳，与实际测量值一致),其计算公式见式(6-2)、式(6-3)。

$$R^2 = \frac{\sum\limits_{i=1}^{n} y^2 - \sum\limits_{i=1}^{n} (y - y')^2}{\sum\limits_{i=1}^{n} y^2} \quad (6\text{-}2)$$

$$\text{RMSE} = \sqrt{\frac{1}{n} \sum\limits_{i=1}^{n} (y - y')^2} \quad (6\text{-}3)$$

式中,y 为实际测量值;y' 为预测值。

　　基于裂隙岩体的 4 个力学特性参数(σ_c、E_c、σ_t、E_t)共建立 4 个 MR 回归模型,将 σ_c、E_c、σ_t、E_t 与所选裂隙 8 个特征参数(α、β、n、k_s、k、c、φ_j、σ_t)相关联。MR 模型统计结果见表 6-5、表 6-6。

表 6-5　预测 σ_c 和 E_c 的多元回归模型

自变量	抗压强度 σ_c/MPa		压缩弹性模量 E_c/GPa	
	系数	标准误差	系数	标准误差
裂隙倾角 α/(°)	−0.235 8	0.080 56	0.030 3	0.012 69
裂隙相交角度 β/(°)	−0.135 8	0.075 25	−0.011	0.011 86
裂隙密度 n	−0.264 2	0.637 64	−1.028 6	0.100 46
裂隙切向刚度 k_s/(GPa/mm)	0.304 7	0.457 12	1.067 3	0.072 02
刚度系数 k	−0.566 7	0.660 57	0.588 4	0.104 08
裂隙黏聚力 c/MPa	2.897 1	1.500 06	0.455 5	0.236 34
裂隙内摩擦角 φ_j/(°)	0.696 7	0.170 78	−0.001 6	0.026 91
裂隙抗拉强度 σ_t/MPa	0.651 5	1.395 34	−0.002 7	0.219 84
常数	15.106 2	10.572 76	9.525 4	1.665 78
R^2	0.248 6		0.794 0	
RMSE	20.321 9		2.705 5	

表 6-6　预测 σ_t 和 E_t 的多元回归模型

自变量	抗拉强度 σ_t/MPa		拉伸弹性模量 E_t/GPa	
	系数	标准误差	系数	标准误差
裂隙倾角 α/(°)	0.012 6	0.003 5	0.011 8	0.005 0
裂隙相交角度 β/(°)	−0.000 2	0.003 3	−0.006 8	0.004 7
裂隙密度 n	−0.059 3	0.027 8	−0.373 0	0.039 9
裂隙切向刚度 k_s/(GPa/mm)	0.001 2	0.019 9	0.428 6	0.028 6

表 6-6(续)

自变量	抗拉强度 σ_t/MPa		拉伸弹性模量 E_t/GPa	
	系数	标准误差	系数	标准误差
刚度系数 k	−0.009 0	0.028 8	0.258 3	0.041 3
裂隙黏聚力 c/MPa	0.578 3	0.065 3	0.096 7	0.093 7
裂隙内摩擦角 φ_j/(°)	−0.024 5	0.007 4	0.002 0	0.010 7
裂隙抗拉强度 σ_t/MPa	0.625 6	0.060 8	−0.045 1	0.087 2
常数	−0.294 3	0.460 5	6.139 9	0.660 4
R^2	0.675 2		0.788 5	
RMSE	0.767 0		1.155 6	

通过多元回归模型得出:裂隙岩体抗压强度 σ_c 与裂隙特征参数的回归方程见式(6-4),R^2 仅为 0.248 6,RMSE 为 20.321 9 MPa;压缩弹性模量 E_c 与裂隙特征参数的回归方程见式(6-5),R^2 为 0.794 0,RMSE 为 2.705 5 GPa;抗拉强度 σ_t 与裂隙特征参数的回归方程见式(6-6),R^2 为 0.675 2,RMSE 为 0.767 0 MPa;拉伸弹性模量 E_t 与裂隙特征参数的回归方程见式(6-7),R^2 为 0.788 5,RMSE 为 1.155 6 GPa。

$$\sigma_c = -0.235\ 8\alpha - 0.135\ 8\beta - 0.264\ 2n + 0.304\ 7k_s - 0.566\ 7k +$$
$$2.897\ 1c + 0.696\ 7\varphi_j + 0.651\ 5\sigma_t + 15.106\ 2 \tag{6-4}$$

$$E_c = 0.030\ 3\alpha - 0.011\ 0\beta - 1.028\ 6n + 1.067\ 3k_s + 0.588\ 4k +$$
$$0.455\ 5c - 0.001\ 6\varphi_j - 0.002\ 7\sigma_t + 9.525\ 4 \tag{6-5}$$

$$\sigma_t = 0.012\ 6\alpha - 0.000\ 2\beta - 0.059\ 3n + 0.001\ 2k_s - 0.009\ 0k +$$
$$0.578\ 3c - 0.024\ 5\varphi_j + 0.625\ 6\sigma_t - 0.294\ 3 \tag{6-6}$$

$$E_t = 0.011\ 8\alpha - 0.006\ 8\beta - 0.373\ 0n + 0.428\ 6k_s + 0.258\ 3k +$$
$$0.096\ 7c + 0.002\ 0\varphi_j - 0.045\ 1\sigma_t + 6.139\ 9 \tag{6-7}$$

实测值与预测值的相关系数是检验模型预测性能的一个良好指标。基于多元回归模型的裂隙岩体力学特性预测值与实际计算值对比(如图 6-4 所示),σ_c 预测模型整体离散程度较大,其他 3 个模型整体效果一般。

6.3.2　人工神经网络分析

人工神经网络(Artificial Neural Networks,ANN),是一种基于现代神经科学的通过模拟大脑神经元网络处理信息的模式,基本原理是直接研究输入及输出变量之间的联系而不需要预设或是假设二者间的某种关系。因在非线性多元问题建模中表现出的高效性、高精度性及其泛化能力,人工神经网络一直被广泛

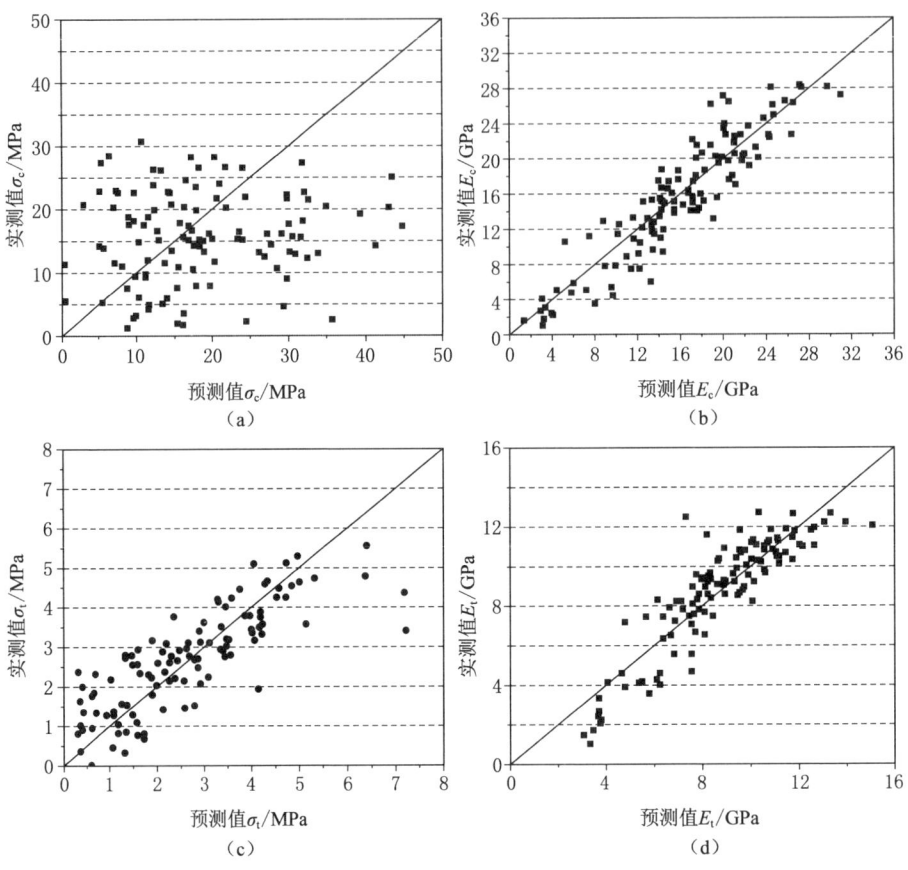

图 6-4　基于多元回归模型的预测值与实测值相互关系图

使用。ANN 通常由 3 部分组成:输入层、输出层和隐藏层,而隐藏层的数目则根据问题的复杂程度决定。

神经网络的基本构成如图 6-5 所示,主要包括三个组成部分:权重、偏置和激活函数。神经元接收输入信号 $x_1,x_2,\cdots,x_n$,这些信号的表达通常通过神经元间连接的权重 w_i 来表示,然后将每个输入神经元乘以相对应的权重 w_i,再与 b_i(传递函数偏置)相加,计算出唯一的输出 u_i[可用式(6-8)表示],最后将该输出通过函数 $f(x)$[函数选用 Sigmoid 函数,具体表达式见式(6-9)]得出最后的输出值 Y_i。

$$u_i = \sum_i w_{ij} x_i + b_i \tag{6-8}$$

$$f(x) = \frac{1}{1 + \mathrm{e}^{-x}} \tag{6-9}$$

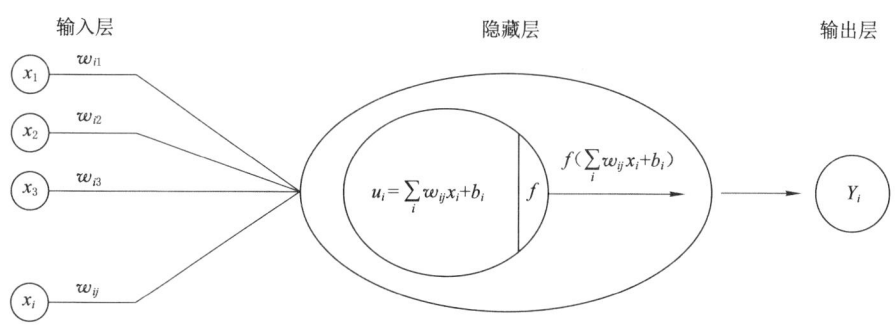

图 6-5 通用神经元模型

120 组数据随机分为 A、B、C 三部分,A 为 80 组(训练),B 为 20 组(测试),C 为 20 组(验证)。采用 MATLAB2018 进行神经网络分析,共建立 4 组 ANN 模型(输入层含 8 个神经单元,输出层含 1 个神经单元),其中:模型Ⅰ用于预测抗压强度 σ_c、模型Ⅱ用于预测压缩弹性模量 E_c、模型Ⅲ用于预测抗拉强度 σ_t、模型Ⅳ用于预测拉伸弹性模量 E_t。考虑隐藏神经元数目的不同会对结果产生一定影响,故在多次重复试验后选用以下输入参数(见表 6-7),模型如图 6-6所示。

表 6-7　不同 ANN 模型特征参数

项目	模型Ⅰ	模型Ⅱ	模型Ⅲ	模型Ⅳ
输入层单位数	8	8	8	8
隐藏层数	1	1	1	1
隐藏层单元数	11	15	10	9
输出层单位数	1	1	1	1
学习次数 i	100	150	150	100

8 个输入变量(裂隙倾角 α、裂隙相交角度 β、裂隙密度 n、裂隙切向刚度 k_s、刚度系数 k、裂隙黏聚力 c、裂隙内摩擦角 φ_j、裂隙抗拉强度 σ_t)应用于 ANN 模型Ⅰ、Ⅱ、Ⅲ、Ⅳ。模型Ⅰ、Ⅱ、Ⅲ、Ⅳ唯一输出变量分别为裂隙岩体抗压强度 σ_c、压缩弹性模量 E_c、抗拉强度 σ_t、拉伸弹性模量 E_t。

图 6-7 中为训练阶段的结果,图 6-8 为预测值与实际测量值对比分析。结果表明:该 ANN 模型能成功预测多输入参数与单一输出参数(σ_c、E_c、σ_t、E_t)之间的相互关系。

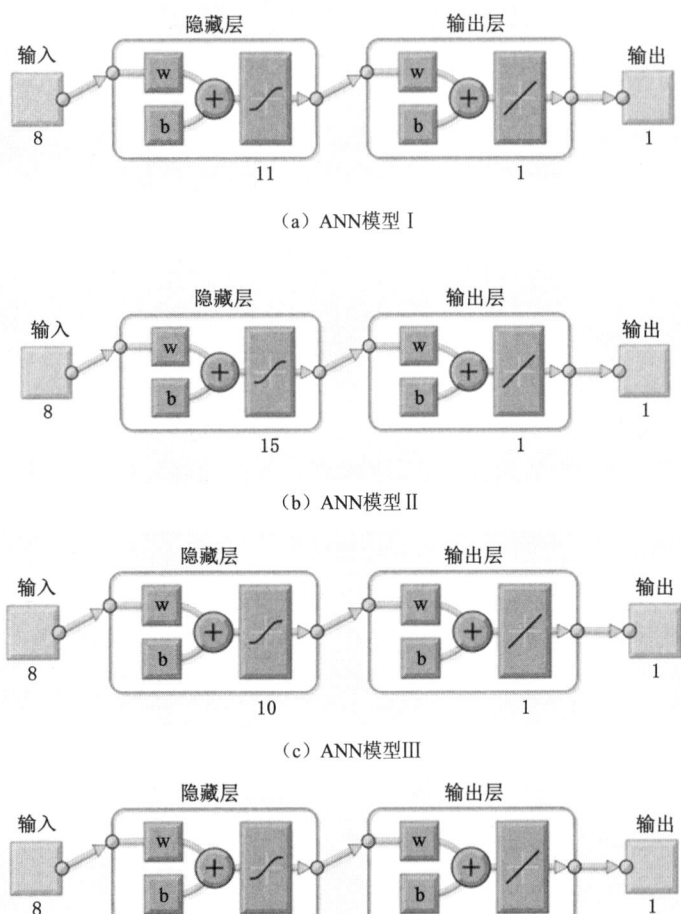

(a) ANN模型 I

(b) ANN模型 II

(c) ANN模型 III

(d) ANN模型 IV

图 6-6　预测神经元模型

依据统计学评价参数可知(见表 6-8),ANN 模型的整体预测明显优于多元回归模型,其预测的 σ_c、E_c、σ_t、E_t 更加接近实际测量值。具体表现为:

(1) 针对裂隙岩体抗压强度的预测:ANN 模型的 R^2 较多元回归模型有了显著提升,由 0.248 6 提升至 0.816 3,增幅达 228.36%;且 RMSE 由 20.321 9 降低至 8.754 3,降幅达 56.92%;

(2) 针对裂隙岩体压缩弹性模量的预测:与多元回归模型相比,ANN 模型的 R^2 增加至 0.953 2,RMSE 降低至 1.799 7;

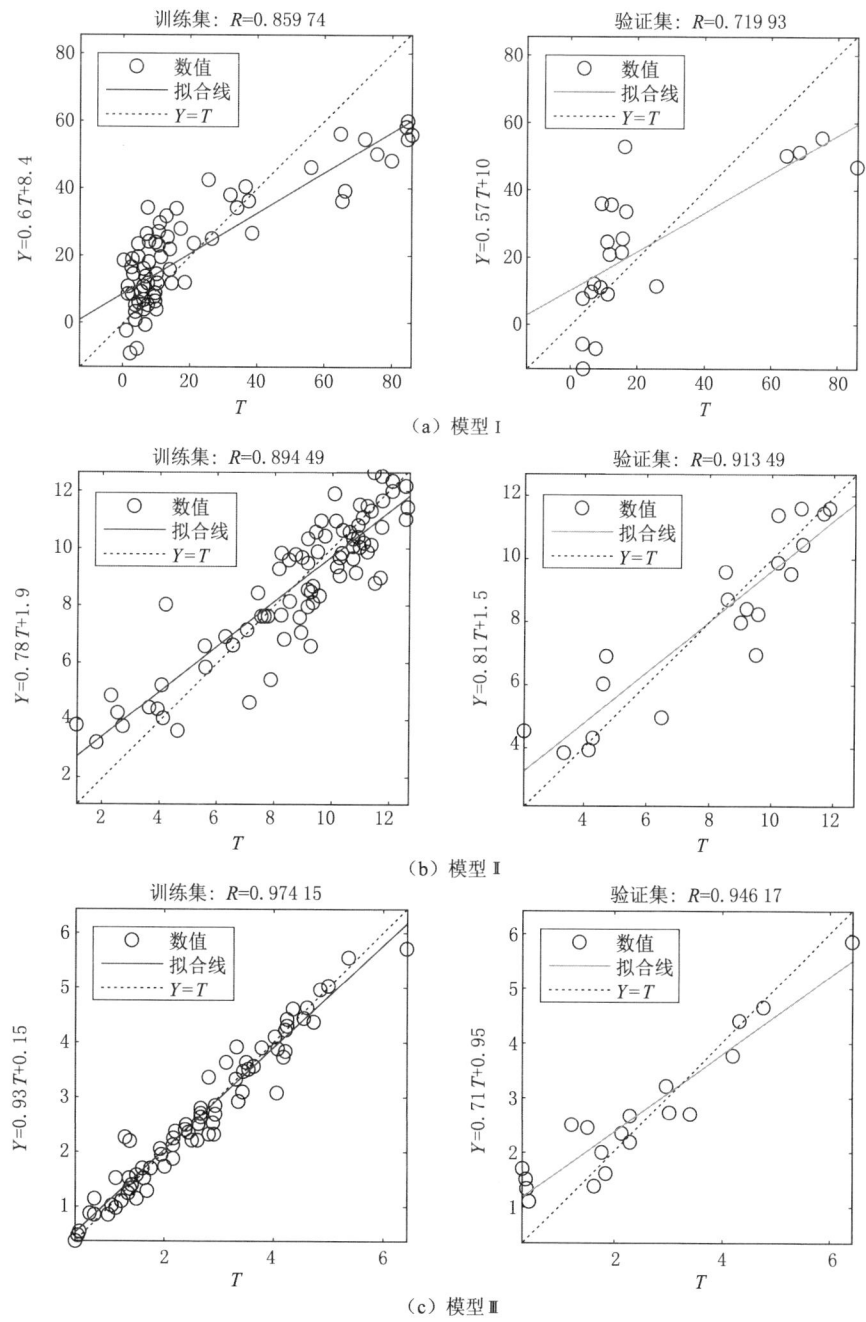

（a）模型 I

（b）模型 II

（c）模型 III

图 6-7　ANN 模型回归分析图

注：T 表示目标值，Y 表示输出值。

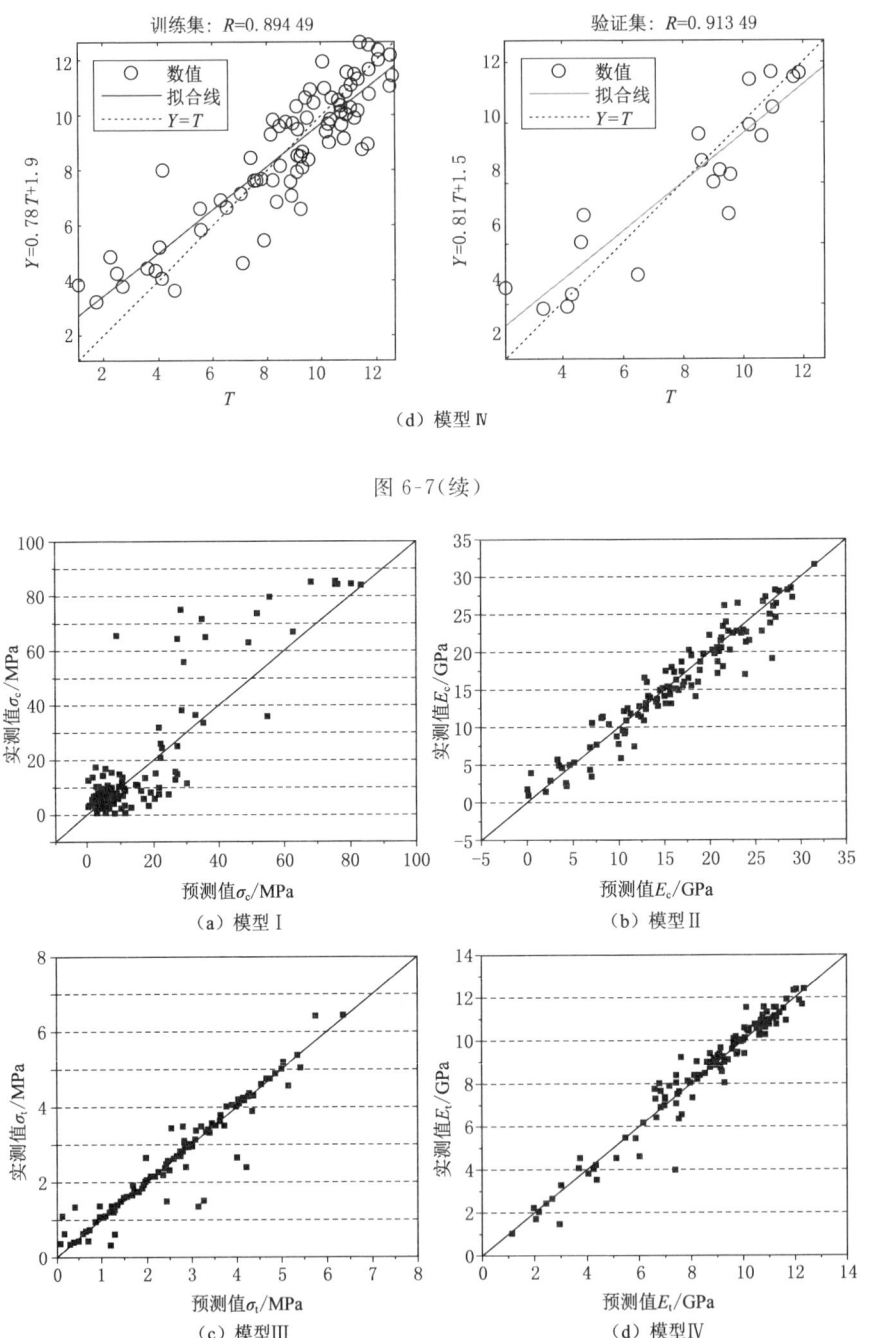

（d）模型 Ⅳ

图 6-7（续）

（a）模型 Ⅰ

（b）模型 Ⅱ

（c）模型Ⅲ

（d）模型Ⅳ

图 6-8　基于 ANN 模型的预测值与实测值相互关系图

（3）针对裂隙岩体抗拉强度的预测：ANN 模型的预测能力得到很大的改善，R^2 增加至 0.944 6，RMSE 降低至 0.386 3；

（4）针对裂隙岩体压缩弹性模量的预测：与多元回归模型相比，ANN 模型的 R^2 增加至 0.856 8，RMSE 降低至 0.746 0。

表 6-8　ANN 模型与多元回归模型评价指标对比

力学特性参数及模型		R^2	RMSE
抗压强度 σ_c	ANN 模型 Ⅰ	0.816 3	8.754 3
	回归模型	0.248 6	20.321 9
压缩弹性模量 E_c	ANN 模型 Ⅱ	0.953 2	1.799 7
	回归模型	0.794 0	2.705 5
抗拉强度 σ_t	ANN 模型 Ⅲ	0.944 6	0.386 3
	回归模型	0.675 2	0.767 0
拉伸弹性模量 E_t	ANN 模型 Ⅳ	0.856 8	0.746 0
	回归模型	0.788 5	1.155 6

6.4　本章小结

综合考虑裂隙空间特征参数、力学参数对岩体宏观力学特性的影响，本章采用随机函数对裂隙特征参数进行组合，采用三维离散元数值模拟软件 3DEC，共建立了 120 组预含不同裂隙特征参数的试验尺度数值模型，并分别开展了单轴拉伸、压缩数值试验。以获取的 120 组"裂隙特征-岩体力学特性"数据构建样本库，采用数据挖掘方法进行多因素非线性回归分析（裂隙特征参数作为输入变量，岩体力学特性作为输出变量），建立了裂隙特征与岩体力学特性的非线性关系及预测模型。得出以下结论：

（1）裂隙特征参数与裂隙岩体力学特性并非简单的线性关系，而是更为复杂的非线性关系，在裂隙岩体抗压强度 σ_c 的预测中体现得更为明显。

（2）ANN 模型较多元回归模型的预测能力有着显著的提升（R^2 均大于0.8），与实际测量值更加接近，说明本书建立的 ANN 预测模型能够依据裂隙特征参数对岩体力学特性进行较为准确的估算，能够为工程岩体稳定性分析、支护设计等提供重要理论依据和参考依据。

7 工程岩体劣化及数值模拟方法研究

许多软弱围岩的力学状态往往会进入峰后劣化阶段,峰后劣化特性是围岩稳定性分析与支护优化的关键。在开采深度较大的条件下,煤矿回采巷道开挖后,围岩表面出现不同程度的裂隙发育和扩展,造成围岩破碎、力学性能弱化甚至失稳冒落。在大采高或综放工作面的强采动影响下,回采巷道矿压显现突出,巷道维护难度大。合理严谨的软弱围岩稳定性数值仿真模拟,是评估巷道围岩稳定性、进行巷道支护设计优化、指导补强支护设计及支护失效预警和保证煤矿安全高效生产的重要基础。本章基于前人的研究成果和岩石力学性质试验,研究软弱围岩破碎程度与围岩劣化的量化关系,建立拉伸劣化量化计算式,在应变软化模型的基础上开发适用于连续介质有限差分法的工程岩体劣化模型。结合具体算例与传统本构模型做出对比,分析劣化参数的影响度,研究回采巷道围岩峰后劣化效应,并验证模型的可靠性。

7.1 围岩力学性质与峰后破坏特性

对于煤矿回采巷道掘进,采煤工作面准备和作业等地下工程,软弱围岩在服务期间内基本都进入峰后破坏阶段,煤岩的峰后特性是软弱围岩变形破坏与支护设计的关键因素。国内外学者对岩石的峰后特性和破坏形态进行了大量的试验研究工作,Parterson[117-118]的大理岩压缩试验结果表明,大理岩的变形破坏随着围压的增大,呈现出由脆性向延性转变的特征;Heard[119]指出,岩石的脆-延转化通常与强度、应变等参数有关。

尽管岩石在高围压状态下开始出现延性特征,但是在实际地下工程的人为开挖扰动下,开挖空间周围的岩体依旧以劈裂、崩落等脆性破坏现象为主[120]。对于岩石的脆性破坏特征,Brady[121]基于试验研究,提出了脆性岩石破坏峰前的本构关系,并用其求解脆性岩体中圆形隧道开挖后的应力分布;Hajiabdolmajid等[122]通过对岩体在高应力环境下的脆性破坏特征进行数值模拟研究,发现目前广泛采用的弹性、理想弹塑性和弹脆性本构模型均无法准确反映岩体的脆性破坏;尤明庆等[123]通过三轴卸围压试验,研究了岩石强度与试样力学性能弱化之间的关系,提出材料弱化模量用以表征岩样本征强度的降低。

由此可见,不同岩性的试样在达到其极限强度后,在发生较小应变的情况下应力急剧降低,呈现出显著的脆性破坏特征,进入峰后阶段的试样,其力学性质迅速显著弱化至很低的残余强度。试验曲线表明,在单向应力状态下,岩石的塑性变形很小,主要以脆性劣化特性为主。

地下巷道开挖后,巷道围岩的原始三向应力状态被打破,导致围岩应力的重新分布,巷道围岩应力集中,其浅部处于单向或似单向的应力状态,并且产生部分拉应力区,围岩浅部首先遭到脆性拉伸或剪切破裂,并随着围岩内部的应力调整,破裂逐步向围岩深部扩展形成脆性拉伸或剪切破裂区,围岩破坏区域的力学特性已进入岩石峰后的力学性质劣化阶段。

由于回采巷道都要经历采动叠加应力场的影响,因此在回采巷道围岩稳定性与控制的研究中,对于受巷道开挖扰动及采动影响以后进入峰后劣化阶段的围岩(煤层、直接顶、直接底等),不应采用理想弹塑性本构模型进行巷道围岩力学行为的模拟和分析,必须将围岩的峰后力学性质劣化特性纳入考虑和分析计算中。

7.2　工程岩体拉伸劣化力学机制

多年来,计算机数值模拟方法在诸多领域被越来越多的学者所采用,也成为煤矿采场矿山压力与岩层控制、巷道煤柱尺寸设计与围岩控制等地下工程的重要研究手段。由于煤系地层多为沉积作用形成的较软弱层状岩体,大量针对煤矿井工开采引起的采场与巷道矿山压力等数值模拟研究,通常采用软件内置的莫尔-库仑模型和应变软化模型。如文献[30,32,34]对较软弱的煤层赋予应变软化特性,对其他岩层选用莫尔-库仑模型 ,而文献[29,31,35]则是对模型中所有岩层应用应变软化的力学模型。

7.2.1　工程岩体剪切破坏强度弱化模型及其力学机制

目前,在煤矿地下开采的围岩稳定性与控制的数值模拟研究中,应用最广泛的岩体本构模型是基于莫尔-库仑强度准则的理想弹塑性模型和应变软化模型。理想弹塑性模型与具有脆性破坏特征的应变软化模型的应力-应变关系如图 7-1 所示。

基于莫尔-库仑强度准则的理想弹塑性模型中,材料的强度准则表达为:

$$\sigma_1 - \frac{2c\cos\varphi}{1-\sin\varphi} - \frac{1+\sin\varphi}{1-\sin\varphi}\sigma_3 = 0 \qquad (7-1)$$

式中,σ_1 和 σ_3 分别为最大、最小主应力;c 为黏聚力;φ 为内摩擦角。

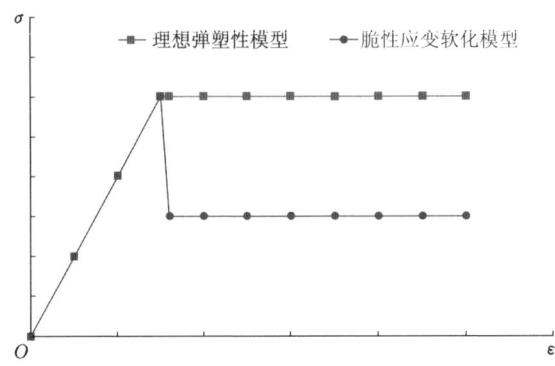

图 7-1　理想弹塑性模型与脆性应变软化模型的应力-应变关系

　　该模型中材料的力学参数恒定为常量,且材料达到极限屈服强度后应力状态不再随应变量发生改变。这一特性显然与绝大多数地质材料的力学特性不符,且不适用于煤矿采煤工作面和巷道周边岩体的稳定性分析和模拟。

　　而在同样基于莫尔-库仑强度准则的应变软化/硬化模型中,材料屈服后的软化/硬化特性是通过模型力学参数中黏聚力 c、内摩擦角 φ 与塑性应变增量 ε_{mp} 的增长而降低/升高,可表达为:

$$\sigma_1 - \frac{2c\varepsilon_{mp}\cos\varphi \cdot \varepsilon_{mp}}{1 - \sin\varphi \cdot \varepsilon_{mp}} - \frac{1 + \sin\varphi \cdot \varepsilon_{mp}}{1 - \sin\varphi \cdot \varepsilon_{mp}}\sigma_3 = 0 \tag{7-2}$$

　　应变软化模型通过定义的力学参数(黏聚力、内摩擦角)与塑性变形的负相关关系,较好地模拟了岩石、岩体在达到强度极限后的力学性能弱化而呈现残余强度的力学行为。图 7-2 中的脆性应变软化模型符合 7.1 节煤岩物理力学性质试验中试样的脆性应变软化特征,该类模型在岩体峰后力学特性的模拟研究中被广泛采用。这一模型目前也被广泛应用于煤层巷道、软岩巷道的围岩稳定性分析和支护优化等研究中。不过,应变软化模型其实仅是峰后的强度弱化模型。

7.2.2　工程岩体杨氏模量劣化的力学机制及意义

　　由于成煤过程中的地质沉积作用及后期的构造运动影响,煤层的覆岩多呈现显著的层状特征与节理裂隙发育特征。在这样的岩层结构特征下,拉伸破坏是工程扰动致使软弱围岩破坏的主要破坏形式,尤其是当围岩处于非高水平应力状态(水平应力与垂直应力之比小于 3)时。拉伸破裂的岩体破坏特征在现场观测和数值模拟研究中得到证实。由于岩体中的原生节理、裂隙等弱结构面几乎没有抗拉强度,因此当岩体受拉应力作用时,极易使节理与裂隙发育、扩展甚至贯通。而岩体中岩石完整性、裂隙产状和发育程度会直接影响岩体的力学性能,这一点被许多学者所认同并提出了岩体力学参数(尤其是杨氏模量)与裂隙发育程度的关系[36-38]。Hoek 等在多年的岩体力学研究基础上,提出了著名的胡克-布朗破坏准则和利用 GSI 计算岩体杨氏模量的经验估算法,这些成果经过多次完善和修订[36,39],在世界范围内的岩土力学、地下工程等领域得到普遍认可和广泛应用。

考虑 GSI 体系可用于评价岩体的峰值强度,Cai[37,40]改进和扩充了 GSI 体系,提出了岩体峰后杨氏模量的计算方法和峰后残余地质强度指标 GSI_r,其两个主要变量为岩石块体峰后体积 V_b^r 和残余节理状态参数 J_c^r。Mitri[38]建立了岩体杨氏模量 E_{rm} 与实验室试样杨氏模量 E_{lab} 和岩体 GSI 的关系,即

$$E_{rm} = 0.5[1 - \cos(\pi \frac{GSI + 5}{100})]E_{lab} \qquad (7-3)$$

式中,E_{rm} 为岩体杨氏模量;E_{lab} 为实验室试样杨氏模量;GSI 为岩体的地质强度指标。

这些研究都指出岩体中节理裂隙发育程度对岩体杨氏模量有着直接影响关系。

煤层巷道由于其相对软弱的围岩条件,使得巷道围岩在掘进期间即已发生塑性变形和明显的脆性破坏,形成塑性区[124]及松动圈[125]。在深部开采、高地应力等条件下,还会出现分区破裂或不连续断裂现象[126-128],接近开挖空间的围岩浅部岩体松动破碎、裂隙发育,使岩体的破碎程度和范围成为分析巷道围岩破坏机理、进行支护设计、评价围岩稳定性等方面的重要参考依据。

在巷道受采动影响时,巷道围岩已为经受了塑性变形和脆性破坏的裂隙发育岩体,其杨氏模量会根据裂隙发育程度的差异出现不同程度的弱化。而通过式(7-1)、式(7-2)可以看出,在基于莫尔-库仑强度准则的理想弹塑性和应变软化模型中岩体的杨氏模量则保持恒定,而这一特征不能准确严谨地反映巷道在掘进和回采影响期间的围岩力学行为。采用拉应力破坏准则进行破坏状态判别时,仅仅是判别出单元的破坏类型,并未实现杨氏模量的劣化,还没有建立起杨氏模量劣化的模型及算法。因此,将围岩因拉伸破坏引起的裂隙扩展和松动破碎所造成的岩体杨氏模量劣化考虑在内,对于软弱围岩煤矿采煤工作面和巷道稳定性研究具有重要意义及应用价值。

7.3 围岩拉伸劣化特性与量化计算

地下工程特别是煤矿采煤工作面和巷道,围岩内往往产生拉应力作用。回采巷道与其他地下工程相比,具有围岩较软弱、节理裂隙较发育、通常采用矩形

或梯形断面、临时性巷道支护强度低、受采动高应力的强烈作用等特点,围岩变形量较大,裂隙扩展显著。在邻近采空区的影响下,煤层及覆岩中的水平地应力基本得到释放,矩形和梯形巷道顶底板中出现弯曲拉应力,而岩石尤其是岩体的抗拉强度低,顶底板岩层的拉伸破裂现象必然十分突出;巷道两帮裂隙煤岩体处于单向或似单向应力的非高水平应力状态,易发生劈裂破坏;在地层水平构造应力较高的条件下,巷道两帮也将产生拉应力作用,发生拉伸破裂现象。当围岩浅部发生破裂以后,围岩应力分布调整及破坏将向内部发展,直至围岩应力状态与围岩强度取得新的平衡。

由此可见,回采巷道围岩的拉伸破裂和裂隙扩展是主要的破坏形式之一,围岩峰后力学特性的弱化不仅是应变软化模型中的强度、黏聚力、内摩擦角和剪胀角的弱化,还有拉伸破坏状态下的杨氏模量劣化。因此,需要建立拉伸破裂的杨氏模量劣化关系。

当围岩中的拉应力达到抗拉强度后,根据裂隙发育程度对杨氏模量进行劣化,将初始杨氏模量转变为残余杨氏模量,建立岩体脆性拉伸劣化模型,如图 7-2 所示。

为了便于量化岩体峰后力学特性中杨氏模量的变化,定义岩体脆性拉伸劣化系数 A 为:

$$E_r = A \cdot E_m \tag{7-4}$$

式中,E_r 为岩体发生拉伸破坏后的残余杨氏模量;E_m 为岩体初始杨氏模量,如图 7-2 所示。

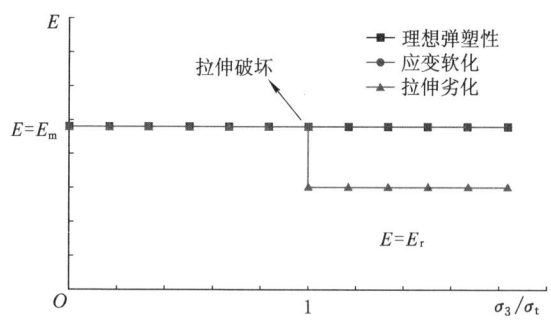

图 7-2　不同力学模型中杨氏模量的变化

同时为了量化岩体中由拉伸破坏产生的裂隙发育程度,引入地质强度 GSI。GSI 一般用来通过实验室岩石力学性质和岩体结构面特征等参数计算岩体的强度和杨氏模量。图 7-3 为基于岩体结构和结构面表面特征的 GSI 量化表。

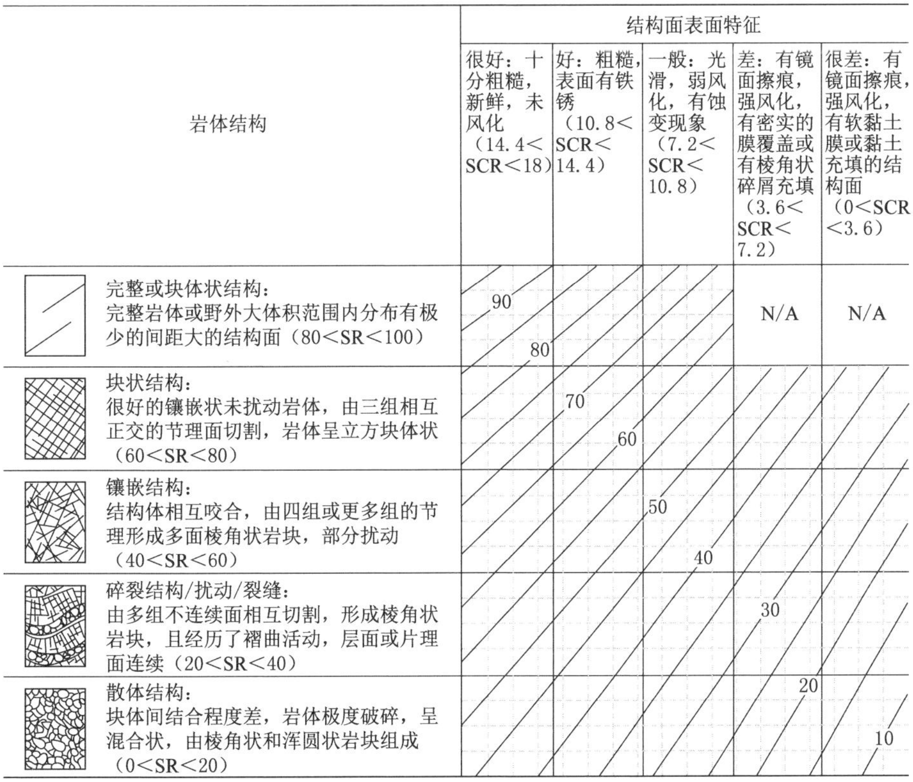

岩体结构	结构面表面特征				
	很好：十分粗糙，新鲜，未风化（14.4<SCR<18)	好：粗糙，表面有铁锈（10.8<SCR<14.4)	一般：光滑，弱风化，有蚀变现象（7.2<SCR<10.8)	差：有镜面擦痕，有密实的膜覆盖或有棱角状碎屑充填（3.6<SCR<7.2)	很差：有镜面擦痕，强风化，有软黏土膜或黏土充填的结构面（0<SCR<3.6)
完整或块体状结构：完整岩体或野外大体积范围内分布有极少的间距大的结构面（80<SR<100)	90　80			N/A	N/A
块状结构：很好的镶嵌状未扰动岩体，由三组相互正交的节理面切割，岩体呈立方块体状（60<SR<80)		70　60			
镶嵌结构：结构体相互咬合，由四组或更多组的节理形成多面棱角状岩块，部分扰动（40<SR<60)			50　40		
碎裂结构/扰动/裂缝：由多组不连续面相互切割，形成棱角状岩块，且经历了褶曲活动，层面或片理面连续（20<SR<40)				30	
散体结构：块体间结合程度差，岩体极度破碎，呈混合状，由棱角状和浑圆状岩块组成（0<SR<20)					20　10

图 7-3　GSI 量化图标

对于岩石单轴抗压强度 σ_c 小于 100 MPa 的岩石，其岩体杨氏模量 E_m 可由下式根据 GSI 得到：

$$E_m = \left(1 - \frac{D}{2}\right)\sqrt{\frac{\sigma_c}{100}} \cdot 10^{\frac{\mathrm{GSI}-10}{40}} \qquad (7-5)$$

式中，D 为扰动系数。

当 $D=0$ 时，E_m 随 σ_c 和 GSI 的变化关系如图 7-4 所示。随着岩体裂隙发育程度的增加，杨氏模量呈现快速下降的变化趋势，具有显著的劣化特性。

根据式(7-5)，可以类推得到岩体受拉伸破坏后的残余杨氏模量 E_r 随岩体抗压强度 σ_m 和岩体在拉应力作用下的裂隙发育程度 $\mathrm{GSI_t}$ 的变化关系。

$$E_r = \sqrt{\frac{\sigma_m}{100}} \cdot 10^{\frac{\mathrm{GSI_t}-10}{40}} \qquad (7-6)$$

假定 $\mathrm{GSI_t}=90$ 表示岩体没有发生拉伸破坏或没有裂隙受拉伸作用产生扩

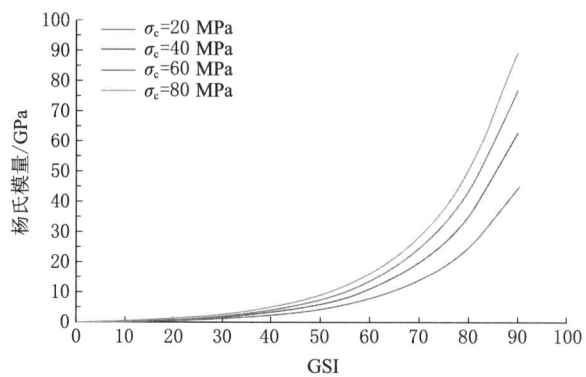

图 7-4 E_m 随 σ_c 和 GSI 的变化关系

展,即

$$E_m = \sqrt{\frac{\sigma_m}{100}} \cdot 10^{\frac{90-10}{40}} \qquad (7\text{-}7)$$

由式(7-6)和式(7-7)可得拉伸劣化系数 A 有：

$$A = \frac{E_r}{E_m} = 10^{\frac{GSI_t - 90}{40}} \qquad (7\text{-}8)$$

为了研究围岩拉伸破裂劣化特性在具体巷道围岩稳定性及控制问题上的作用,选取四个不同的 GSI_t 值计算拉伸劣化系数 A,见表 7-1,即随着岩体拉伸破坏后裂隙发育的程度不同,有着相应的拉伸劣化系数。采用式(7-8)及表 7-1 的拉伸劣化系数,可以在数值模拟研究中反映出杨氏模量劣化对巷道稳定性的影响。

表 7-1 GSI_t 及劣化系数 A 的选取

GSI_t	A
10	0.01
30	0.03
50	0.10
70	0.30

7.4 工程岩体劣化模型的数值模拟实现

FLAC3D 是由美国 Itasca 公司研发推出的连续介质有限差分力学分析软件,得到国际土木工程、岩土工程等领域的学术界和工业界普遍认可和广泛应用。FLAC3D 不仅在常规的数值模拟计算和分析中表现优秀,其开放性更是为用户提供了广阔的平台,用户可对模拟研究和结果分析进行改造、深化;其内置的 FISH 语言允许用户定义新的变量、函数、本构模型等,还可以通过 C＋＋程序语言自行编写新的本构模型[129-131],以适应不同条件下仿真模拟研究的需要[132-133]。

在数值模拟研究中,为了增加围岩拉伸劣化特性对工程岩体稳定性的影响,基于 FLAC3D 内置的应变软化模型,采用 FISH 语言对其进行二次开发,增加拉伸劣化算法,实现了围岩拉伸破裂后根据裂隙发育程度对岩体杨氏模量的劣化,即在应变软化模型基础上增加拉伸劣化算法,二次开发形成新的工程岩体劣化模型。

工程岩体劣化的算法流程如图 7-5 所示。计算时每间隔一定运算时步后遍历模型的各个单元,逐步渐进地动态识别每个剪切破裂和拉伸破坏的单元,并对

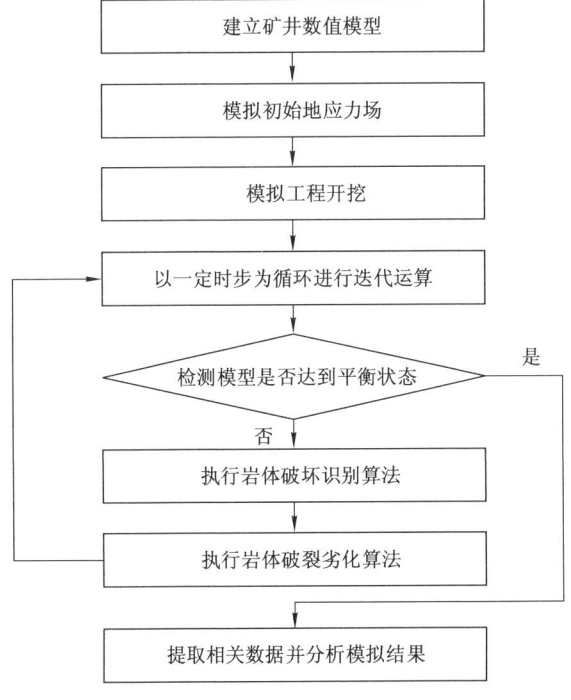

图 7-5 工程岩体劣化的算法流程图

其进行相应力学参数劣化,其中黏聚力、内摩擦角弱化遵循应变软化模型,杨氏模量劣化遵循拉伸劣化模型,单元力学参数更新后继续迭代运算,循环上述过程直至模型达到平衡状态。

7.5　本章小结

（1）基于"裂隙特征-岩体力学特性"非线性关系,建立了工程岩体拉伸劣化关系式,分析岩体残余杨氏模量 E_r 与裂隙发育程度 GSI_t 的量化关系,研究了拉伸劣化系数 A 的量化计算方法,可通过现场实测或理论经验估算劣化程度。

（2）研究了工程岩体劣化的算法流程,对 FLAC3D 内置的应变软化模型进行二次开发,增加了拉伸劣化算法,形成了新的工程岩体劣化模型。

8　考虑空间非一致性的裂隙围岩巷道稳定性模拟方法

　　巷道围岩稳定性是影响煤矿安全生产的主要因素之一,特别是对于裂隙发育岩体而言,岩体内部不均匀分布的节理裂隙等软弱结构面导致巷道围岩力学参数在空间上表现为非一致性,巷道非均匀变形特征明显,局部节理裂隙发育区域巷道变形剧烈。本章针对围岩力学参数在空间上的非一致性对巷道围岩变形影响较大且岩体力学参数难以确定的问题,以赵固二矿为工程背景开展了相关的研究,在 FLAC3D 中开发了一种新的数值模拟技术,可用于分析裂隙围岩巷道的稳定性,并提出了一种确定裂隙岩体力学参数的方法。

8.1　裂隙围岩巷道模拟方法

8.1.1　背景分析

　　岩石由于其内部的组成成分和微观结构使岩石本身的力学性质具有很强的非均质性。在外部载荷作用下,岩石的非均质性会通过影响其内部裂隙的萌生和扩展对岩石的力学行为和破坏模式产生重要影响[134]。研究人员认为,岩石的非均质性是影响岩石微观破裂和宏观力学行为的重要因素之一[135-136]。

　　关于岩石非均质性的研究方法,由于通过理论分析进行研究过于复杂,很难完成[137-138]。研究人员早期尝试了通过用物理实验的方法研究非均质性对岩石试样破坏模式的影响[139-140]。但对大尺度的工程裂隙岩体来说,开展由裂隙不均匀分布所造成围岩力学特性在空间上非一致的研究是十分困难的。近年来,国内外学者在开发能考虑岩石非均质性的数值方法方面开展了大量工作。相比物理实验而言,数值模拟成为一种很有前景的技术,可以准确地控制岩体内部均质程度和裂隙岩体中结构面的数量[141-146]。

　　更重要的是,数值模拟可以打破尺寸的限制,从而有效地开展针对裂隙岩体相关的课题。目前,一些学者利用数值模拟的方法对具有空间非一致性的边坡进行了相关研究,并得到了一个普遍的结论[147-148]:裂隙岩体的非均质性对岩体的破坏有重要影响。同时,众多学者在隧道工程领域中也发现了裂隙岩体非均质性的类似影响[149-150]。

根据先前的研究发现,当岩体裂隙发育程度较高时,岩体裂隙对围岩稳定性的影响是十分明显的。图 8-1 和图 8-2 分别为两种不同的巷道围岩状态。图 8-1 为赵固二矿的 11030 运输巷[151],可以看出其巷道围岩裂隙发育,部分岩体发生了严重的变形和破坏,顶板已经产生大变形"网兜"且围岩塑性破坏严重,具有较高的危险性,巷道变形在空间上具有显著的非一致性。图 8-2 为上湾煤矿的巷道围岩情况,可以看出其围岩完整性较高,可见的节理裂隙少。对于这种围岩完整性高且稳定性较好的巷道,在进行巷道稳定性分析时,如果按照平面应变的条件进行假设是合理的,在计算分析过程中所产生的误差属于工程容许误差范围内。但当研究对象是围岩裂隙发育且变形具有空间非一致性的巷道时,如果仍然按照平面应变的假设显然是不合理的。因此,针对这类巷道,需要对裂隙非均匀分布导致岩体力学特征在空间上的非一致性进行合理考虑,才能在数值模拟中较真实地反映这类巷道的实际工程情况,从而深入地研究裂隙围岩巷道稳定性、破坏机理及相应的控制技术。

图 8-1　赵固二矿 11030 运输巷围岩状态

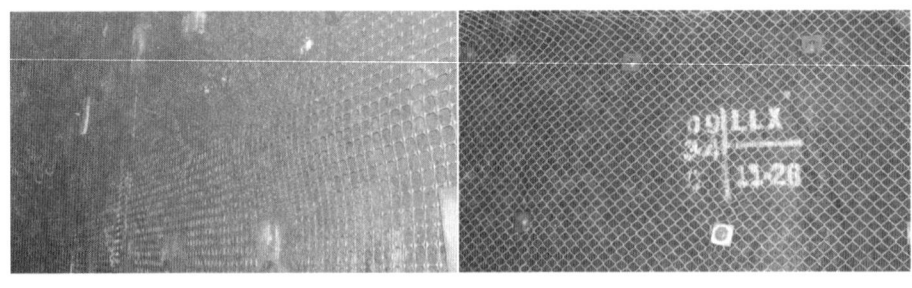

图 8-2　上湾煤矿围岩状态

本章基于等效材料法[152-153]对裂隙岩体进行了合理的考虑,将裂隙分布不均匀的岩体看作是由不同力学性质的连续单元体组成的。在 FLAC3D 中通过 FISH 语言建立了 Weibull 分布模型并对岩体力学特征的空间非一致性进行了合理表征。这种方法可应用于其他裂隙发育程度较高的岩石工程的数值模拟中。

8.1.2 裂隙岩体的力学性质评估

由于岩体内部的不连续结构面(如断层、节理、裂隙)使岩体的力学特性和实验室测得岩石的力学特性有明显不同。在岩石工程领域中,正确评估岩体性质是保证数值模拟计算有效性的关键。一些研究人员根据岩体中的节理裂隙,建立了节理裂隙和岩体性质之间的关系并提出了对应的关系式[40,154-155]。

对于单轴抗压强度 $\sigma_{ci} < 100$ MPa 的岩石,其岩体杨氏模量 E_m 可由下式根据 GSI 得到:

$$E_m = \left(1 - \frac{D}{2}\right)\sqrt{\frac{\sigma_{ci}}{100}} \times 10^{\frac{GSI-10}{40}} \tag{8-1}$$

式中,σ_{ci} 是完整岩石的单轴抗压强度;D 为扰动系数。

岩体强度 σ_c 可以由下式得到:

$$\sigma_c = \sigma_{ci} s^a \tag{8-2}$$

式中,σ_c 是岩体的单轴抗压强度;s 和 a 是岩体的常量,可以由式(8-3)和式(8-4)得到:

$$s = \exp\left(\frac{GSI-100}{9-3D}\right) \tag{8-3}$$

$$a = \frac{1}{2} + \frac{1}{6}(e^{-GSI/15} - e^{-20/3}) \tag{8-4}$$

岩体的抗拉强度计算公式有:

$$\sigma_t = -\frac{s\sigma_{ci}}{m_b} \tag{8-5}$$

式中,m_b 是材料常量 m_i 量的简化值,可以由公式(8-6)得到:

$$m_b = m_i \exp\left(\frac{GSI-100}{28-14D}\right) \tag{8-6}$$

8.1.3 裂隙岩体的表征和模型建立

研究发现[156-158],Weibull 分布函数能够有效地描述由岩体内部不均匀分布的裂隙、结构面等缺陷导致岩体内部力学特征的不均匀分布。这种方法已经被众多学者用来考虑岩体的非均质性。因此,本章中应用 Weibull 分布函数描述由不均匀分布裂隙引起的岩体劣化。

Weibull 分布函数公式如下:

$$f(u) = \frac{m}{u_0} \left(\frac{u}{u_0}\right)^{m-1} \exp\left[-\left(\frac{u}{u_0}\right)^m\right] \tag{8-7}$$

式中,u 是岩体力学参数(强度、杨氏模量等);u_0 是相关力学参数的平均值;m 是岩体非均匀系数,是控制岩体力学参数分布模式的参数。

如图 8-3 所示,m 值越小表示岩体内部裂隙分布越不均匀,岩体均质程度越低;m 值越大表示岩体内部裂隙分布越均匀,岩体均质程度越高;当 m 值达到无穷时,则认为岩体是均质的。

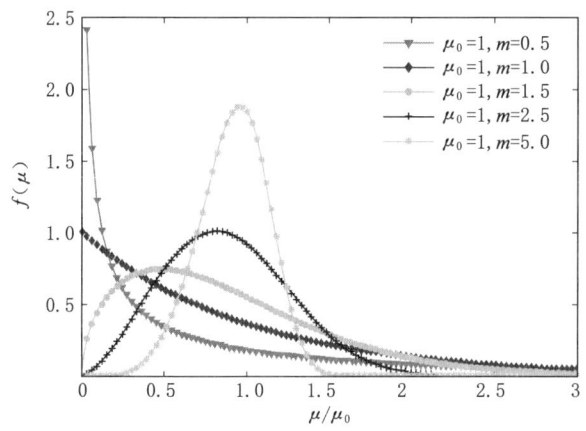

图 8-3　Weibull 分布函数

上述分析表明,在合适的 m 值条件下,岩石破裂过程或力学行为的数值分析结果与试验结果吻合较好。因此,m 的取值对使用 Weibull 分布函数分析裂隙岩体稳定时是至关重要的。在微观建模中一般利用线性最小二乘法从实验室试验得到的力学参数的方法来获取试样尺度的 m。但是,对于获取大尺度岩体的 m 值仍是一个具有挑战的问题。

8.1.4　裂隙围岩巷道稳定性分析方法

裂隙围岩非均质参数的获取是进行裂隙围岩稳定性分析和支护优化设计的重要依据。通过实验室试验获取的岩石物理力学参数对裂隙岩体力学参数进行合理估算并为数值模拟等研究提供关键基础数据。

裂隙围岩巷道稳定性分析过程可以概括为以下 6 个步骤:① 根据现场的地质条件建立三维模型;② 模拟初始地应力;③ 输入 Weibull 分布函数;④ 输入

现场调研中获得的数据;⑤ 根据现场实际情况进行模拟;⑥ 提取模拟的数据和结果。为了保证模拟结果的有效性和可靠性,必须根据现场的地质条件以及必要的生产程序进行模拟。裂隙围岩巷道稳定性分析流程如图 8-4 所示。

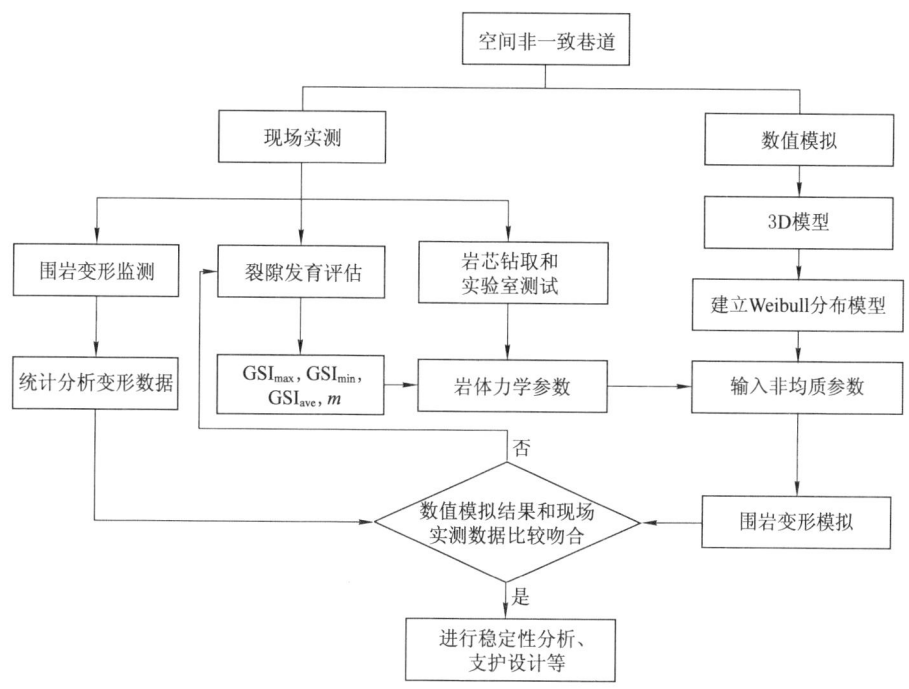

图 8-4　裂隙围岩巷道稳定性分析流程图

为了量化数值模拟结果与现场实测结果的可靠性,在对比巷道平均变形值与巷道变形标准差值的基础上,我们还引入相关系数的概念,相关系数[159-160]是说明相关性和依赖性的系数。它显示了两个或多个随机变量或观察到的数据值之间的统计关系,相关系数的计算公式如式(8-8)所示:

$$r = \frac{\sum\limits_{i=1}^{n} (x_{\mathrm{d}fi} - \bar{x}_{\mathrm{d}f})(y_{\mathrm{d}ni} - \bar{y}_{\mathrm{d}n})}{\sqrt{\sum\limits_{i=1}^{n} (x_{\mathrm{d}fi} - \bar{x}_{\mathrm{d}f})^2 \sum\limits_{i=1}^{n} (y_{\mathrm{d}ni} - \bar{y}_{\mathrm{d}n})^2}} \tag{8-8}$$

式中,n 是描述巷道变形分布的区间数量;$x_{\mathrm{d}fi}$ 为现场实测巷道变形值各区间的比例分数;$x_{\mathrm{d}f}$ 为现场实测巷道变形值各区间比例分数的平均值;$y_{\mathrm{d}ni}$ 为数值模拟巷道变形值各区间的比例分数;$y_{\mathrm{d}n}$ 为数值模拟巷道变形值各区间比例分数的平均值。

    r 的取值在 -1 与 $+1$ 之间,r 的绝对值越大表明相关性越强。统计数值模拟计算结果与现场实测结果中不同巷道变形值所占百分比,并计算两组数据的相关系数,量化数值模拟计算结果与现场实测结果的相似程度,从而选择出更合适的非均质参数。

8.2   现场稳定性监测

8.2.1   现场变形监测

    该巷道宽 4.8 m,高 3.3 m,顶板为泥岩,两帮为煤体。巷道顶板破碎程度高且裂隙发育,表明巷道 GSI 在空间上具有明显的非一致性。统计巷道中不同位置监测站点数据,得到顶板下沉统计数据,如图 8-5 所示。因回采作业而诱发的一系列密集活动,导致巷道围岩产生了高于初始地应力 3~5 倍的应力变化,两帮明显向内收敛。在所有监测点中顶板最大下沉值达到 132 mm,最小下沉值为 68 mm,最大值与最小值相差接近 2 倍。可以看出,顶板的变形和稳定条件在空间上是非一致性的。在巷道变形量较大区域,由于巷道顶板裂隙发育程度较高容易造成支护结构失效引发冒顶事故,威胁矿山安全生产。因此,需要一种可以结合现场实际考虑裂隙岩体空间非一致性的一种模拟方法。

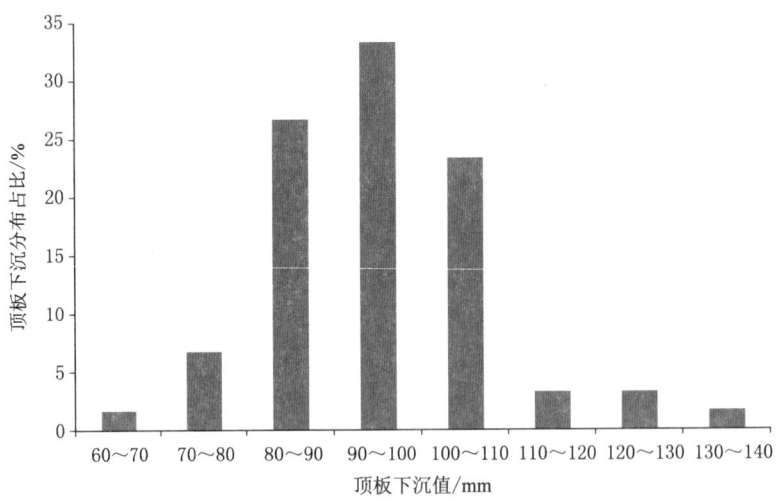

图 8-5   不同测点巷道下沉值统计

8.2.2 岩体裂隙发育程度评估

对巷道 52 个监测点数据进行统计分析,得到裂隙岩体 GSI 数据分布情况并基于 Weibull 分布函数对现场实际 GSI 数据进行曲线拟合,确定了 GSI_{ave} 和 m 值分别为 40.72 和 1.96,如图 8-6 所示。

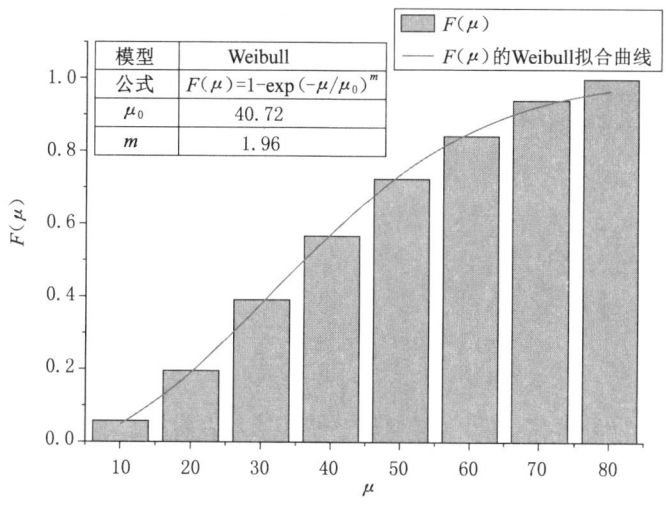

模型	Weibull
公式	$F(\mu)=1-\exp(-\mu/\mu_0)^m$
μ_0	40.72
m	1.96

图 8-6 基于 Weibull 分布函数的拟合

Hoek 等人在原有地质强度指标分类的基础上,推导得到 GSI 与节理条件 $JCond_{89}$[161]以及岩石质量指标 RQD[162]的关系式:

$$GSI = 1.5JCond_{89} + RQD/2 \qquad (8-9)$$

通过公式可以从节理条件 $JCond_{89}$ 和岩芯的 RQD 两方面得到 GSI 值。

节理条件 $JCond_{89}$ 的取值见表 8-1,从节理迹长、裂隙宽度、粗糙度、充填类型以及风化程度等 5 个方面综合评价节理条件状态。

表 8-1 节理条件状态

节理条件	评分
节理面非常粗糙,节理不连续,节理闭合,节理面岩石未风化	30
节理面略粗糙,节理张开宽度<1 mm,节理面岩石风化程度轻	25
节理面略粗糙,节理张开宽度<1 mm,节理面岩石风化程度高	20
节理面光滑或包含厚度<5 mm 软弱夹层,或者张开宽度 1～5 mm,节理连续	10
包含厚度>5 mm 软弱夹层,或张开宽度>5 mm,节理连续	0

　　根据现场观察并结合 JCond$_{89}$ 的取值表,破碎区域岩体节理连续,节理面光滑,张开度大于 5 mm,确定顶板破碎区域岩体 JCond$_{89}$ 取值为 0,顶板完整区域基本不含有结构面,顶板完整性良好,完整区域 JCond$_{89}$ 取值为 30。为确定顶板 RQD 值对巷道顶板进行钻探取岩芯测试,分别选取两处顶板破碎区域与两处顶板完整区域钻取岩芯,钻孔深度为 2 m,钻孔直径为 73 mm,顶板岩芯如图 8-7 所示,1 号钻孔和 2 号钻孔在顶板完整区域钻取,3 号钻孔和 4 号钻孔在顶板破碎区域钻取,岩芯长度统计见表 8-2。从岩石质量指标 RQD 的变化范围 19～75 可以看出巷道具有明显的空间非一致性。最终计算得到 1 号钻孔区域 GSI 为 70,2 号钻孔区域 GSI 为 82.5,3 号钻孔区域 GSI 为 10.5,4 号钻孔区域 GSI 为 9.5。因此,确定巷道顶板 GSI$_{max}$ 为 80,GSI$_{min}$ 为 10。

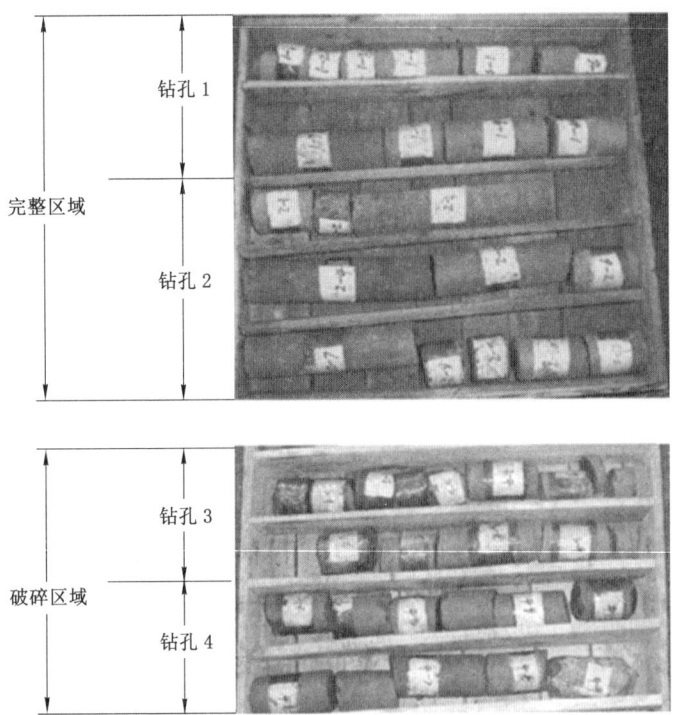

图 8-7　钻孔岩芯图

表 8-2　岩芯长度统计表

破碎区域				完整区域			
钻孔 1		钻孔 2		钻孔 3		钻孔 4	
编号	长度/mm	编号	长度/mm	编号	长度/mm	编号	长度/mm
1-1	67	2-1	101	3-1	77	4-1	92
1-2	52	2-2	57	3-2	62	4-2	76
1-3	56	2-3	338	3-3	58	4-3	87
1-4	167	2-4	307	3-4	125	4-4	118
1-5	127	2-5	220	3-5	87	4-5	92
1-6	136	2-6	108	3-6	92	4-6	126
1-7	239	2-7	267	3-7	62	4-7	145
1-8	94	2-8	64	3-8	178	4-8	97
1-9	175	2-9	48	3-9	118	4-9	45
1-10	141	2-10	107				
		2-11	97				
RQD=50		RQD=75		RQD=21		RQD=19	

8.3　岩体力学参数敏感性和模型网格密度分析

8.3.1　模型建立

根据工作面地质概况,建立数值模拟模型,模型长 200 m,宽 70 m,高 62 m,如图 8-8 所示。根据对同一矿山的相关研究[151],使用相同初始地应力条件和支护设计方案。假设上覆岩层容重为 0.025 MN/m³,在顶部模型边界处施加 15 MPa 的垂直应力以模拟上覆地层压力。x 方向和 y 方向的侧压系数分别设置为 1.2 和 0.8,模型的四周和底部采用位移限定边界。根据完整岩石特性和广义 Hoek-Brown 破坏准则估算岩体力学参数[39],岩体力学参数如表 8-3 所列。为了符合现场监测情况,没有模拟采矿作业。需要注意的是,为了避免对本构模型的影响,模拟中没有采用之前所开发的工程岩体劣化模型[18],使用的本构模型是应变软化模型。

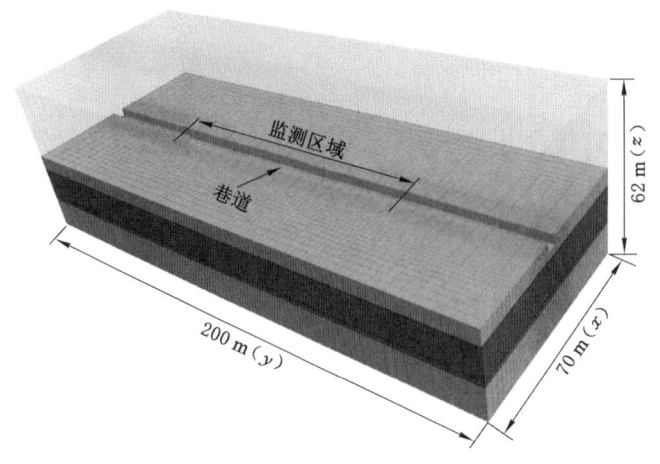

图 8-8 数值模型

表 8-3 岩体力学参数表

岩层	岩性	E_i/GPa	υ	c/MPa	σ_t/MPa	φ/(°)	c_r/MPa	ε_p/%
顶板	砂岩	31.6	0.23	3.9	2.3	45	0.39	0.01
	砂质泥岩	16.3	0.25	3.2	1.8	40	0.32	0.01
	泥岩	9.5	0.29	2.1	0.8	35	0.21	0.01
煤层	煤	2.8	0.30	1.4	0.3	31	0.14	0.01
底板	砂质泥岩	9.9	0.27	3.4	2.2	37	0.34	0.01
	粉砂岩	82.6	0.22	4.2	3.5	47	0.42	0.01

注:E_i 为杨氏模量,υ 为泊松比,c 为黏聚力,σ_t 为抗拉强度,φ 为内摩擦角,c_r 为残余黏聚力,ε_p 为岩体强度变为残余值时的塑性应变。

8.3.2 岩体力学参数敏感性分析

如前文所述,本章研究的重点是由裂隙不均匀分布引起的岩体劣化。在本节中,采用岩体力学参数的变异系数 C_V 研究不同岩体参数对顶板变形的影响。以非均质岩体模型的各细观单元的杨氏模量为例,变异系数 C_V 的计算表达式为:

$$C_{V\text{-E}} = \frac{\sigma(E_i)}{E(E_i)} \qquad (8\text{-}10)$$

$C_{V\text{-}E}$ 是弹性模量 E 的变异系数，$\sigma(E_i)$ 和 $E(E_i)$ 分别为数值模型各细观单元杨氏模量值的标准差和期望值。当 $C_V=0$ 时，岩石模型的各细观单元参数值的标准差为 0，即各细观单元参数均相等，岩体为均质模型；当 $C_V>0$ 时，岩体为非均质模型，C_V 越大，各细观单元参数相对参数均值的离散程度越大，即岩体均质性越差。

莫尔-库仑本构模型中的 5 个参数（杨氏模量、泊松比、黏聚力、内摩擦角和抗拉强度）被认为是描述岩体力学行为的常用参数[163-164]。将杨氏模量、黏聚力、抗拉强度的变异系数 C_V 设置为 10%、20%、30%、40%、50%，并研究不同岩体参数变异系数对巷道变形量产生的影响。由于岩体内泊松比和内摩擦角的取值分别一般不超过 0.5 和 50°。所以泊松比 C_V 值设置为 10%、20%，内摩擦角 C_V 值设置为 10%、20%、30%。在研究某一岩体参数变异系数对巷道变形影响时，控制其他岩体力学参数保持不变。图 8-9 为不同变异系数条件下，各岩体力学参数对顶板变形的影响。在平均值和标准差方面，杨氏模量的非均质性对顶板变形的影响远大于其他 4 个参数的影响。当 C_V 值从 10% 增加到 50% 时，顶板平均下沉值从 67 mm 增加到 100 mm，其标准差增加了 10 倍以上。实际上，除了将多个力学参数赋值给每个单元体非常耗时之外，杨氏模量与其他属性之间的关系仍然未知，而杨氏模量与节理裂隙发育程度直接相关。因此在进行数值模拟计算时，仅将岩体杨氏模量视为非均匀分布的。Song[150]、Tang[143] 等人也采用过这样相同的假设方法。

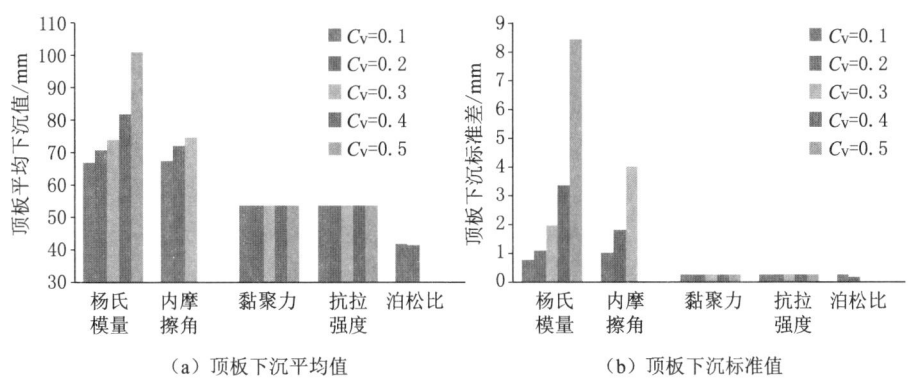

（a）顶板下沉平均值   （b）顶板下沉标准值

图 8-9　不同岩体力学参数对巷道顶板变形的影响

8.3.3　模型网格密度分析

考虑巷道空间非一致性的模拟是将各岩体力学参数按 Weibull 分布函数依

次赋值来实现的,因此数值模型的网格密度,尤其是位于巷道附近的顶板网格尺寸大小可能会对数值模拟结果产生影响。因此,通过建立 5 种不同网格尺寸的模型对网格尺寸的影响进行研究,模型的巷道顶板网格尺寸及顶板网格数目如表 8-4 所列。

表 8-4　网格尺寸及网格数目

编号	网格尺寸			顶板网格数目
	宽/m	长/m	高/m	
1#	0.80	3.0	1.00	408
2#	0.60	2.5	0.67	960
3#	0.48	2.0	0.50	2 000
4#	0.40	1.5	0.40	4 020
5#	0.30	1.0	0.33	9 060

在模拟完成后统计分析所有顶板单元的变形数据,如图 8-10 所示。可以发现,网格密度对模拟结果有显著影响,其中平均变形量与网格单元数呈正相关关系。但当网格单元数超过 4 020 个时,这种影响可以忽略不计。因此,选择 4# 模型作为后续数值分析的最佳模型。

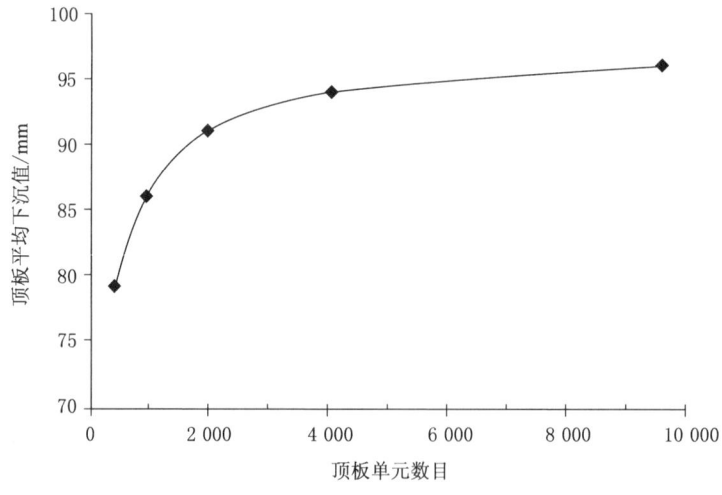

图 8-10　不同网格数目巷道变形规律

8.4 裂隙岩体非均质性对巷道围岩稳定性影响研究

8.4.1 裂隙岩体非均匀系数对顶板变形的影响

为了研究非均匀系数 m 对巷道变形量的影响,取不同的 m 值分别进行数值模拟计算。图 8-11 和图 8-12 分别为不同 m 条件下,巷道的变形规律曲线和顶板下沉云图。结合图 8-11 和图 8-12 可知,m 对巷道产生的影响不仅在下沉变形量方面,而且对顶板变形的空间分布也有显著影响。当岩体均质程度较低时,顶板在空间分布上呈现出较强的不均匀性,顶板下沉起伏不平,顶板的最大下沉位置在空间分布上具有较强随机性。随着均质程度的增加,顶板下沉变形量逐渐减小且顶板下沉连续平整。通过分析数据可知,顶板平均下沉值从 133 mm 减少到 71 mm,减少了 62 mm;顶板下沉标准差从 13.2 mm 减少到 7.1 mm,减少了 6.1 mm。通过分析数据可以看出,顶板变形量逐渐减小且变形在空间上趋于均匀分布。

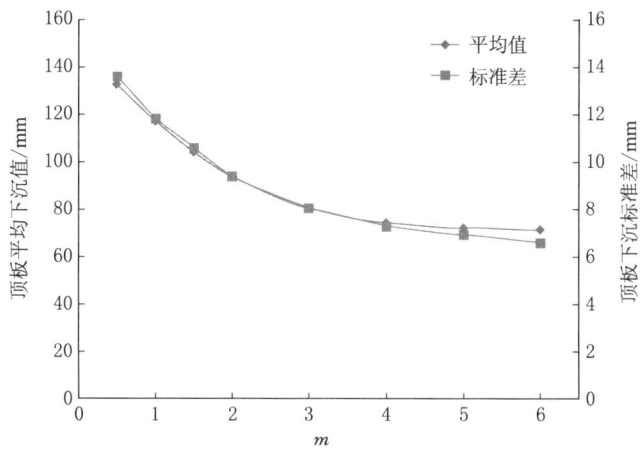

图 8-11 不同 m 巷道变形规律曲线

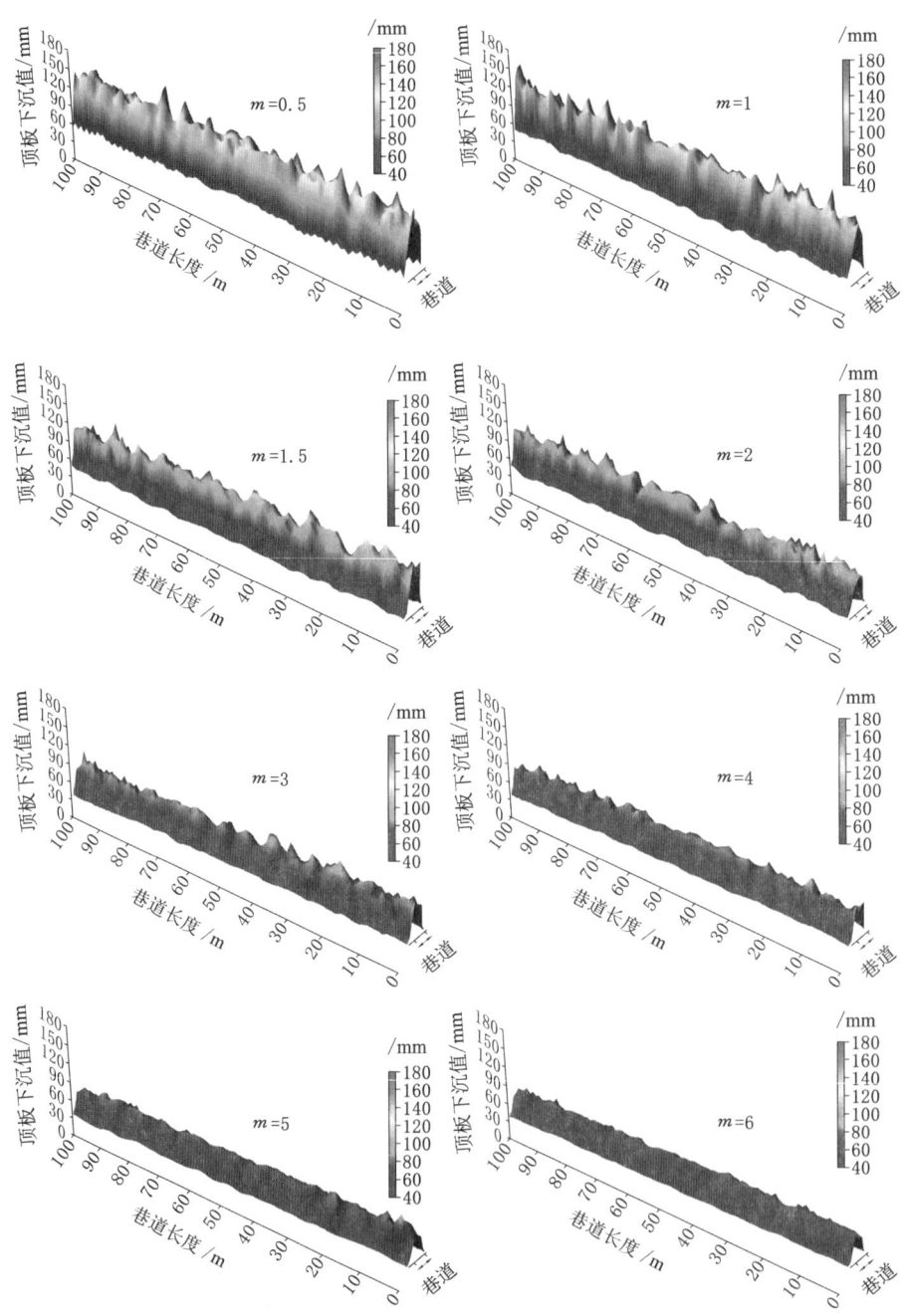

图 8-12 不同 m 巷道顶板下沉云图

表 8-5 不同非均匀系数 m 巷道顶板下沉值

m	顶板最大下沉值/mm	顶板最小下沉值/mm	变形差/mm
0.5	181	84	97
1	155	78	77
1.5	138	72	66
2	123	67	56
3	109	62	47
4	100	58	42
5	93	56	37
6	87	55	32

8.4.2 裂隙岩体非均匀系数对顶板拉伸破坏的影响

由于岩体本身抗拉强度远低于抗压强度。在巷道掘进过程中,特别是当水平应力与垂直应力比小于 3 时,岩体极易发生拉伸破坏。因此,巷道周围的拉伸破坏程度可以作为巷道稳定性评估的一个指标。不同 m 的顶板拉伸破坏情况如表 8-6 和图 8-13 所示。对比图 8-13 中不同 m 的拉伸破坏分布可以看出,顶板的拉伸破坏程度随着 m 的变化而发生改变。当 $m=1$ 时,顶板的拉伸破坏范围最大,其中 29.5% 的顶板单元发生拉伸破坏。当 $m=6$ 时,围岩中的力学性质有明显改善,顶板中的拉伸破坏单元只有 16.6% 发生拉伸破坏。

通过上述对顶板拉伸破坏情况分析可见,随着 m 的增加,岩体力学性质逐渐提高,顶板的拉伸破坏范围逐渐减小,拉伸破坏单元数逐渐减少。

表 8-6 不同 m 巷道顶板拉伸破坏程度

m	顶板单元数	拉伸破坏单元数	拉伸破坏比/%
1	4 020	1 186	29.5
2	4 020	1 150	28.6
3	4 020	1 118	27.8
4	4 020	953	23.7
5	4 020	828	20.6
6	4 020	667	16.6

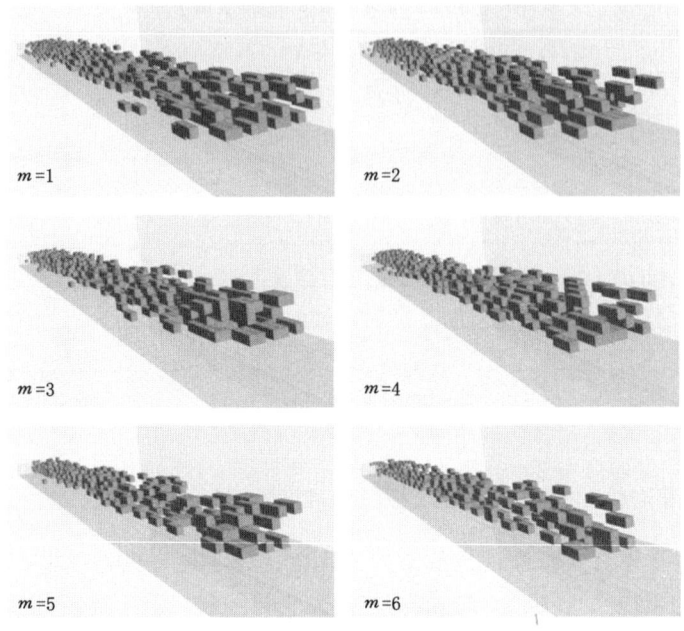

图 8-13 不同 m 巷道顶板拉伸破坏分布

8.4.3 裂隙岩体发育程度范围对顶板变形的影响

为了研究不同裂隙发育区间变化下的巷道变形规律,进行了多组不同 GSI 变化区间的数值模拟计算。其中 GSI_{ave} 为 GSI_{max} 与 GSI_{min} 的平均值。

据前面的分析可知,GSI_{max} 和 GSI_{min} 是 Weibull 分布模型的重要输入参数,GSI_{max} 和 GSI_{min} 分别代表了现场最完整和最破碎的岩体。不同 GSI_{max} 和 GSI_{min} 参数下的非均质顶板平均下沉值如图 8-14 所示。以 $GSI_{max}=100$ 时为例分析,可以看出当 GSI_{min} 值较小时,岩体非均质性对变形的影响更为显著。当 $GSI_{min}=10$ 时,随着 m 的增加,顶板平均变形量从 125 mm 减小到 48 mm,但当 $GSI_{min}=50$ 时,m 的增加导致的变形差仅有 2 mm。同样,给定的 GSI_{min} 或 GSI_{max} 值越高,m 对顶板变形的影响越大。因此,除 m 外,确定 GSI_{max} 和 GSI_{min} 在数值模拟中是必不可少的。根据上述分析可见,在岩体裂隙发育程度差异较大的情况下,考虑岩体非均质性因素是至关重要的。

8.4.4 裂隙岩体平均发育程度对顶板变形的影响

为了研究裂隙岩体平均发育程度(GSI_{ave})对巷道变形的影响规律,进行了多组不同 GSI_{ave} 的数值模拟计算。

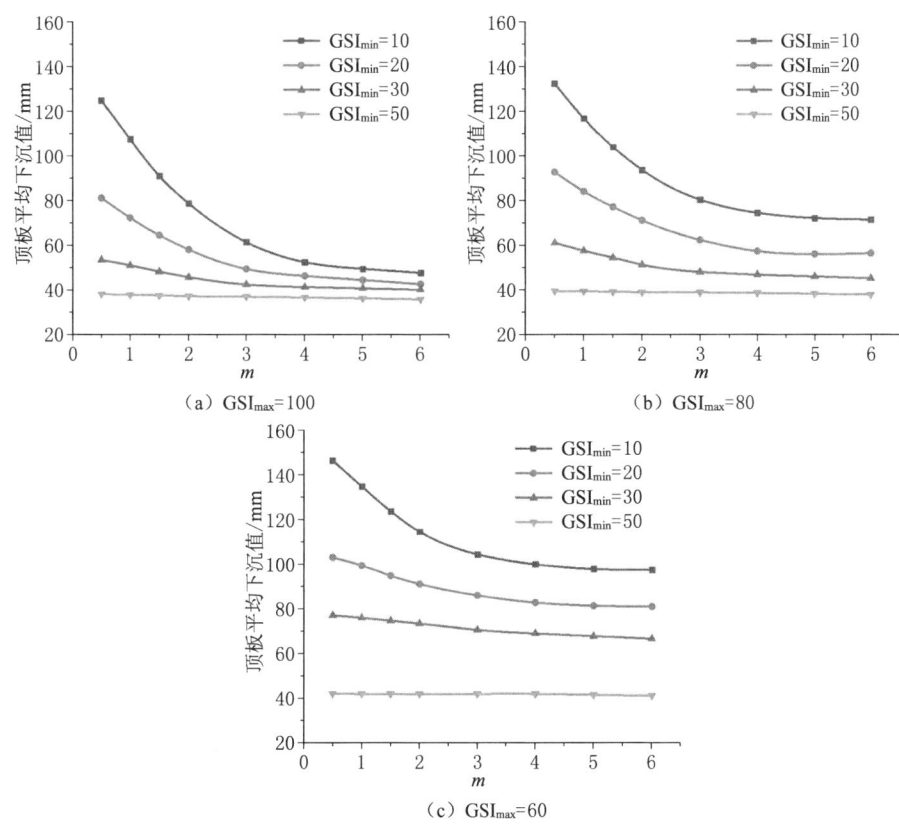

图 8-14　不同 GSI_{max} 和 GSI_{min} 参数下的非均质顶板的平均下沉值

　　取 $GSI_{max}=80$，$GSI_{min}=10$，分别计算 $GSI_{ave}=25$、$GSI_{ave}=35$、$GSI_{ave}=45$ 和 $GSI_{ave}=55$ 时的巷道平均下沉值，如图 8-15 所示。分析图 8-15 可以看出，GSI_{ave} 对顶板变形的影响会随着 m 值的增大而逐渐减小。而且随着 GSI_{ave} 值的逐渐增加，顶板变形受 m 的影响将会越来越大。当 $GSI_{ave}=25$ 时，可以看出顶板变形量受 m 的影响较小，由 m 值变化导致的顶板变形差仅为 3 mm。当 $GSI_{ave}=55$ 时，由 m 值变化导致的顶板变形差达到了 85 mm。

　　不同 GSI_{ave} 对岩体中 GSI 分布的影响，如图 8-16 所示。由图可知，在确定 GSI 区间情况下，GSI_{ave} 对岩体中的 GSI 分布有显著影响。GSI_{ave} 值越小，岩体中的 GSI 分布越容易集中于较小的 GSI 区间。另一方面，无论 GSI_{ave} 值为多少，随着 m 的增加，岩体中的 GSI 分布会越来越集中于 $GSI=GSI_{ave}$ 的附近。结合图 8-15 和图 8-16 可以看出，当岩体相对更均质时，顶板变形量越小，巷道围岩的空间一致性越强。

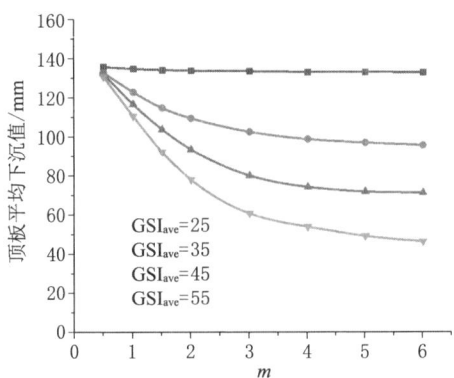

图 8-15 不同 GSI_{ave} 对巷道变形的影响

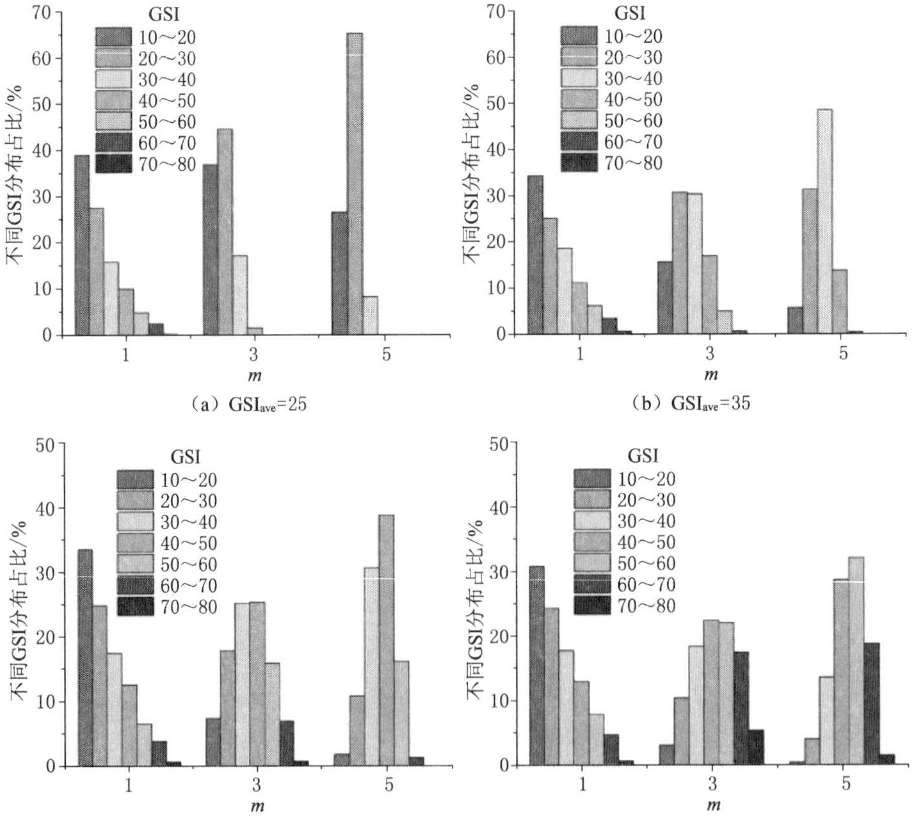

（a）$GSI_{ave}=25$

（b）$GSI_{ave}=35$

（c）$GSI_{ave}=45$

（d）$GSI_{ave}=55$

图 8-16 不同 GSI_{ave} 对岩体中 GSI 分布的影响

8.4.5　数值模拟结果与现场实测结果对比分析

如上述各节介绍,顶板变形的模拟结果与现场实测结果的相关系数 r 会随着非均质参数的变化而变化。表 8-7 为模拟结果和现场监测结果之间的相关系数。r 值越高代表模拟结果与现场监测结果吻合情况越好。三种不同 GSI_{ave} 和 m 组合的顶板变形分布对比,如图 8-17 所示。可以看出,当 $m=2$、$GSI_{ave}=45$ 的方案 2 中,代表了最接近真实的情况($r=0.98$)。但是方案 1 和方案 3 的变形分布与现场数据相比存在明显的差异,说明这些非均质参数的输入和模拟结果不能准确地描述现场围岩变形情况,而方案 2 的模拟结果与现场监测结果基本吻合。

表 8-7　模拟结果和现场监测结果之间的相关系数

GSI_{ave} 值	m 值							
	$m=0.5$	$m=1$	$m=1.5$	$m=2$	$m=3$	$m=4$	$m=5$	$m=6$
$GSI_{ave}=25$	-0.40	-0.38	-0.38	-0.54	-0.50	-0.45	-0.51	-0.51 (方案 3)
$GSI_{ave}=35$	-0.39	-0.24	-0.02	0.47	0.72	0.77	0.87	0.88
$GSI_{ave}=45$	-0.37	-0.20	0.78	0.98 (方案 2)	0.27	-0.07 (方案 1)	-0.16	-0.25
$GSI_{ave}=55$	-0.32	-0.06	0.93	0.07	-0.37	-0.41	-0.41	-0.31

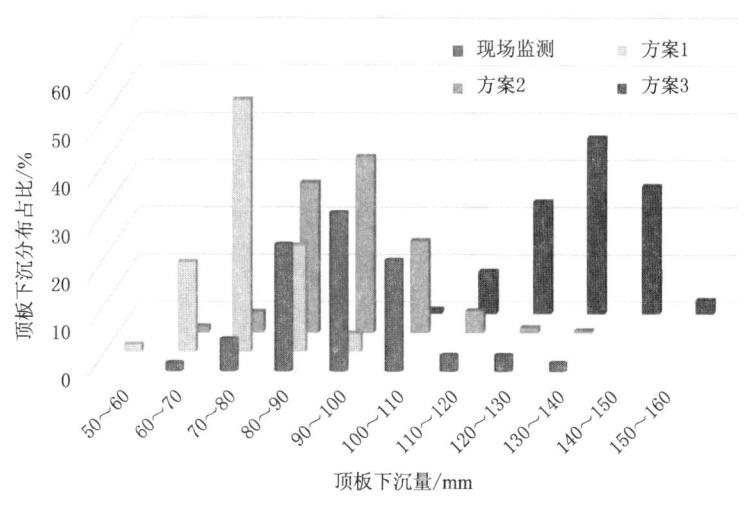

图 8-17　数值模拟和现场实测变形分布对比

8.5 本章小结

（1）基于裂隙岩体参数空间非一致性的特征，本章使用了 Weibull 分布函数来模拟裂隙岩体的力学参数分布情况，并对影响巷道变形的不同岩体力学参数进行了敏感性分析，研究表明岩体弹性模量非均质程度对巷道变形量的影响最为显著。

（2）针对目前裂隙围岩巷道空间非一致性研究中岩体力学参数难以确定的问题，本章通过使用 Weibull 分布函数来模拟裂隙围岩巷道的空间非一致特征，为确定岩体非均质参数提供了依据，并基于该数值模拟技术提出了一种可以考虑裂隙围岩巷道空间非一致性的模拟方法。该方法可以广泛应用于裂隙围岩巷道稳定性研究领域，并为裂隙围岩巷道确定合理的支护方案提供依据。

（3）通过研究非均质参数对巷道变形量的影响，发现岩体非均匀系数 m、GSI_{max}、GSI_{min} 与 GSI_{ave} 共同控制巷道的变形，非均匀系数 m 对巷道变形量的影响受岩体 GSI 变化区间以及 GSI_{ave} 的影响，岩体 GSI 参数变化区间和 GSI_{ave} 的值越大，非均匀系数 m 的变化对巷道变形量的影响越明显。

9 动载作用下煤岩体力学特性

随着矿井开采深度和强度的不断增加,浅部和条件简单等易采资源逐渐枯竭,煤炭开采已向深部转移[165-166]。进入深部开采后,岩石处于"三高一扰动"的复杂力学环境[167]。与此同时,煤矿巷道中80%以上为动压巷道,深部煤体在高地应力、高动载扰动的动静载叠加应力作用下矿压显现剧烈,巷道变形失稳等现象屡见不鲜,甚至诱发冲击地压等动力灾害事故[168-170]。为了防范遏制煤矿冲击地压事故的发生,保证煤炭企业安全高效生产,需对动静组合加载下煤岩力学特性进行研究,来明晰深部巷道围岩动态力学响应,揭示动静载叠加作用下巷道变形破坏机理。

9.1 岩石动力学试验与动态力学特性

9.1.1 岩石动力学试验技术

岩石的力学特性受多种因素的影响。岩石本身的物理特征、裂隙发育程度、含水量的多少、外界温度、湿度等的变化都会在很大程度上影响岩石的强度与变形特征。岩石在冲击载荷下的力学特性显然主要与外加冲击载荷的强度和快慢有关。岩石的动态特性是岩石材料受到冲击载荷作用时其力学性能的基本表征,在矿岩破碎等工程中,如常规的凿岩爆破过程,不同区域矿岩承受的外力为强度与延时不同的冲击载荷,它与静载荷作用不同,首先是岩体中的动应力场受外载和岩体本身特性的影响,更重要的是岩体的动态强度和变形特征将在很大程度上取决于所处位置的动应力场。

岩石材料结构受到冲击载荷作用时所表现的力学性能即动态特性与静载荷作用下的静力特性存在显著差异。产生差异的原因主要体现在两个方面[171]。首先,静载作用下,固体介质处于静力平衡状态,介质微元体的惯性作用可以忽略。而冲击载荷以载荷作用的短历时为其特征,在以毫秒、微秒甚至纳秒计的短暂时间尺度上发生运动参量的显著变化。在这样动载荷条件下,必须计及介质微元体的惯性。其次,强冲击载荷所具有的在短暂时间尺度上发生显著变化的特点,必定同时意味高应变率。一般常规静态试验中的应变率为 $10^{-5} \sim 10^{-1}/s$ 量级,而冲击试验中的应变率一般为 $10^{1} \sim 10^{4}/s$,甚至可高达 $10^{7}/s$,即比静态试验中高多个量级。动力学试验中,应变率是最重要的一个力学参数,直接涉及对岩石动静加载范围的定义。大量试验表明,在不同应变率下,岩石类材料的力学行为往往是不同的。从变形机理来看,除了理想弹性变形可看成瞬态响应外,其他各类型的非弹性变形和断裂,如位错的运动过程、应力引起的扩散过程、损伤的演化过程、裂纹的扩展和传播过程等,都是以有限速率发展进行的非瞬态响应,因而材料的力学性能本质上是与应变率相关的[172]。图 9-1 给出了国际上一些学者给出的适用于不同应变率段的试验装置及方法[173]。

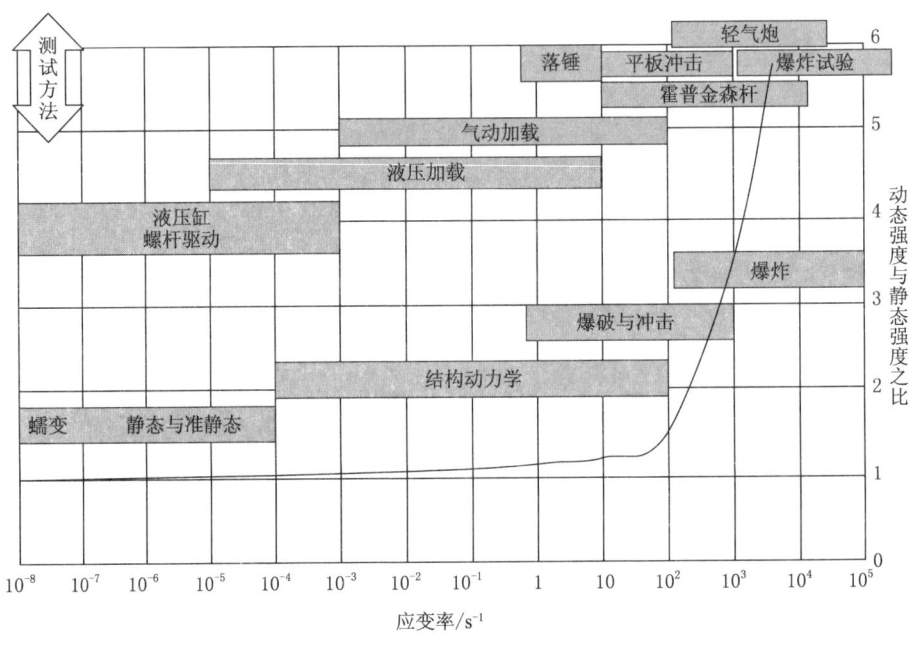

图 9-1　动力问题分类及对应的试验的方法

在机械冲击和爆破等工程实践中,应变率常为 $10^{2} \sim 10^{3}$。目前,对于这一应变率段的岩石动态性能试验,主要是采用各种分离式霍普金森压杆(Split Hopkinson Pressure Bar,SHPB)装置及其他一些变形装置来完成的。

1914 年,霍普金森设计了一套霍普金森压杆试验装置(如图 9-1 所示),把测量冲量的弹道摆的长杆分成一短一长,从而可用于实测冲击(爆炸)载荷随时间变化的实际波形,这在当初尚无示波器等测试仪器的情况下是一种创新[174]。

20 世纪 40 年代后期,霍普金森压杆技术进一步发展到研究材料的高应变率行为,被称为分离式霍普金森压杆。这种装置可实测材料在冲击加载条件下的动态应力-应变曲线,这是一种更大的创新[175]。

1963 年,Lindholm[176]用粘贴于两根杆上的应变片取代了以往的电容式传感器,从而给霍普金森杆带来了测试方法的根本变革。

20 世纪 80 年代初,国外又将计算机成功地引入了霍普金森装置中,实现了数据采集和处理的电脑化,并发展了一些以提高应变率为目的的霍普金森改型装置,如双缺口剪切霍普金森装置、冲孔加载式霍普金森装置、直接撞击式霍普金森装置[177-178]。

霍普金森压杆试验装置的应用在中国起步较晚。1980 年,段祝平等报道了我国的第一套 SHPB 试验装置;杨桂通等报道了我国第一套分离式霍普金森扭杆,宋顺成等报道了我国第一套分离式霍普金森拉杆。随后,国内学者基于传统的 SHPB 试验装置进行了许多的改进,目前国内拥有 SHPB 试验装置的科研单位有百余家之多,霍普金森技术在我国得到了飞速的发展和良好运用[179-181]。

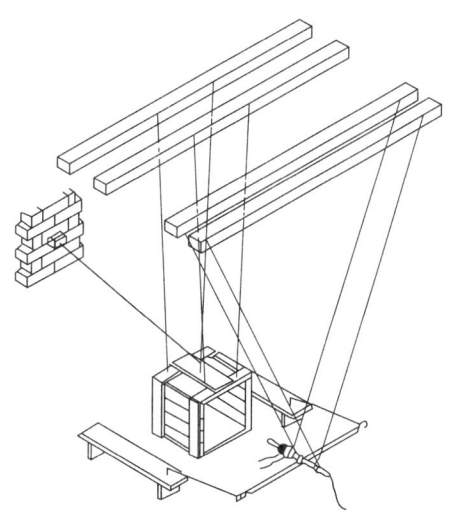

图 9-2　霍普金森设计的 SHPB 试验装置

9.1.2　岩石动态力学特性

在我国,自 20 世纪 80 年代初引入 SHPB 技术后,很多学者也对岩石 SHPB 试验技术进行了大量研究,取得了很多成果。图 9-3 是部分文献中不同岩石在高应变率条件下的代表性试验结果,可以看出,不同岩石的动态强度因子均有一定的应变率效应,且应变率相关程度随岩石类型发生改变。

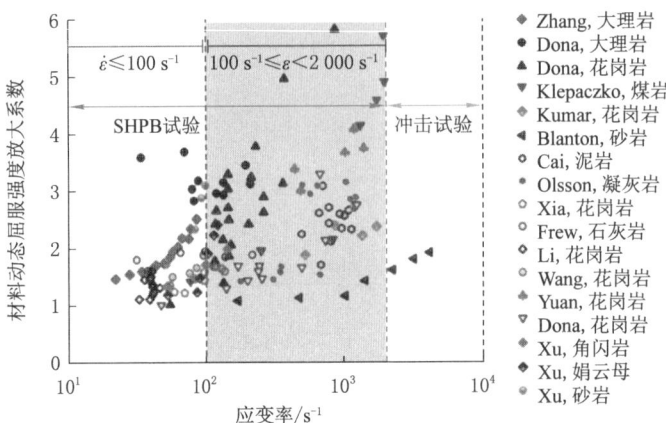

图 9-3　岩石动态强度因子随应变率的变化图[182]

图 9-4 为典型的静载条件下岩石试样在宏观破坏前的应力-应变曲线,其曲线可以分为以下 4 个阶段:

第Ⅰ阶段:模量较低,反映岩石在压缩时由微裂隙闭合所引起的非弹性变形。

第Ⅱ阶段:应力-应变关系呈线性,这时岩石的压缩模量反映真实的弹性模量。

第Ⅲ阶段:应力-应变关系脱离线性,这个阶段是微裂纹成核阶段。这时普遍地出现晶粒边界的松弛,但微裂纹还不能用光学显微镜观察到。

第Ⅳ阶段:破裂不断发展,用光学显微镜可观察到裂纹。

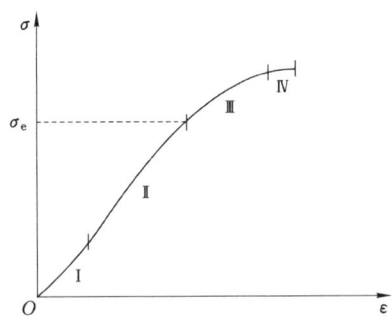

图 9-4　典型的岩石应力-应变曲线

在外载荷作用下,岩石变形产生的应力、应变达到一定值时,岩石本身会发生破坏,用以表征岩石破坏条件的关系方程称为强度准则,又称为破坏判据。岩石强度准则建立的目的，主要是通过相关参数之间的关系方程反映岩石的破坏机理。

目前在岩石力学领域内，最有影响同时应用也比较广泛的三大强度准则分别是莫尔-库仑强度准则、霍克-布朗强度准则和格里菲斯强度准则。此外，还有德鲁克-普拉格准则、幂指数强度准则等。上述准则主要考虑的是单独静载作用下岩石的破坏状态。关于动载作用下岩石的强度准则，尤其是应变率在 $10^1 \sim 10^2/s$ 范围内的强度准则，如前所述，由于受试验条件的限制无法获得该应变率段三轴抗压强度试验数据，因此这方面的研究还十分有限。迄今为止，关于动载作用下岩石类材料强度准则和破坏判据的提法有多种，诸如"动态强度准则""动力破坏准则""动力破坏判据"等。

根据加载率 $10^0 \sim 10^5$ MPa/s 范围内的动态单轴和三轴压缩试验以及加载率分别为 $10^{-1} \sim 10^3$ MPa/s、$10^1 \sim 10^4$ MPa/s 的单轴拉伸和无法向约束剪切试验结果，建立了低加载率范围内的动态莫尔-库仑准则和动态霍克-布朗准则。

动态莫尔-库仑准则表达式为：

$$c_d = \sigma_{cd} \frac{1 - \sin\phi}{2\cos\phi} \qquad (9\text{-}1)$$

$$\sigma_{1d} = \sigma_{cd} + \frac{1 + \sin\phi}{1 - \sin\phi} \qquad (9\text{-}2)$$

$$\sigma_{cd} = A\log\left(\frac{\sigma'_{cd}}{\sigma'_c}\right) + \sigma_c \qquad (9\text{-}3)$$

式中，c_d 为动态黏聚力；σ_{1d} 为动态三轴压缩强度；σ_{cd} 为动态单轴压缩强度；σ'_{cd} 为动态加载率；σ'_c 为静态加载率；σ_c 为静态下岩石的单轴抗压强度；A 为岩石的材料参数，可以通过试验数据的回归分析得到。

动态霍克-布朗准则表达式为：

$$\sigma_{1d} = \sigma_3 + \sigma_{cd}(m\sigma_3\sigma_{cd} + 1.0)^{0.5} \qquad (9\text{-}4)$$

式中，σ_3 为最小主应力；m 值可以由标准静载试验获取；其他符号含义同上。

9.2　动静组合加载试验设计

9.2.1　基于 SHPB 的动静组合加载技术

在具体分析岩石受力时，需要对深部岩石复杂的受力环境进行合理简化，简化后的受力模型如图 9-5 所示。图 9-5(a)显示了深部工程不同构造区域的岩体受力情况，A 处岩体在实际工程中相当于矿井中的矿柱或者并排双向隧道中间的隔墙，只承受动载和一维静载，其受力可简化为图 9-5(b)；而 B 处岩体位于深部，同时承受动载荷和三维静载荷，受力简图如图 9-5(c)所示。

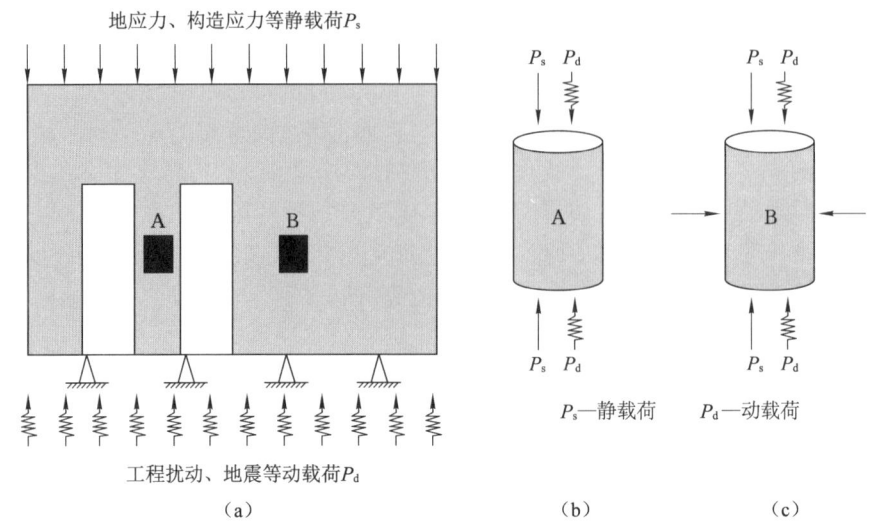

图 9-5　深部工程岩石受力模型

正是基于此种认识,相关研究人员通过改进已有的岩石力学试验装置如凿岩试验台、Instron 试验系统、SHPB 试验系统等来实现岩石动静组合加载技术,并进行了一系列探索与尝试。因此,从全应力过程来说,深部开采区域的围岩会承受"三维高静应力+扰动应力"的组合作用,简称动静力组合作用。这一受力状态完全不同于传统的岩石静力学或岩石动力学范畴,并由此产生了"动静组合加载岩石力学"这一学术概念。

"动静组合加载岩石力学"是 21 世纪初基于我国当时深部矿山开采及深部岩石工程开挖建设发展趋势的时代背景提出的。"动静组合加载"的学术思想最早来源于中南大学李夕兵教授团队在 2001 年香山科学会议第 175 次学术讨论会所作的专题报告。经过 20 多年持续深入的研究,"动静组合加载"在深部岩石力学领域已经得到广大专家认可,并拓展应用于 10 多个领域。同时,在 20 多年中,动静组合岩石力学试验研究从概念提出到现在,经历了从一维到三维、从单纯加载到考虑加卸载、从低加载率到高加载率、从试验研究到理论研究、从研究岩石材料到考虑结构空间效应的发展历程,并逐渐聚焦于真三轴动静组合岩石力学试验研究。虽然国内外就岩石在静载或动载下的力学特征进行了大量研究,也研制出了各种不同加载率下的试验设备,然而由于岩石的非线性,人们有必要研究岩石在动静组合加载下的力学特征。因此,开发和研制岩石动静组合加载试验设备显得尤为重要。

9.2.2 煤岩动静组合加载试验设计

按照国际岩石力学学会建议的方法,将取自现场的煤岩样加工为直径 50 mm、长径比为 1∶1 的圆柱体试样,端面不平行度和不垂直度均小于 0.02 mm。经过钻取、打磨获得高 50 mm、直径 50 mm 的标准圆柱试样,试样几何尺寸如图 9-6 所示,此次试验全部煤岩样如图 9-7 所示。

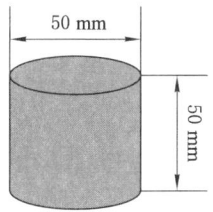

图 9-6 试样几何尺寸示意图

（a）岩样 　　　　　　　　　　　　　（b）煤样

图 9-7 试验煤岩样

本试验采用基于改进的 SHPB 动静组合试验系统对试样施加动静组合载荷,系统组成如图 9-8 所示。试验采用 50 mm 杆径,中高应变率 SHPB 动静组合加载装置,异形冲头产生的半正弦应力加载波可实现恒应变率加载。同时,该系统配套有超动态应变仪、示波器与数据处理装置,可实现应力波信号采集记录与数据处理。

为了尽量减小试样非均质对试验结果的影响,在试验前先对每个试样的质量及密度等基本参数进行测量,再选取物理参数相近的煤岩样进行试验。将岩样按层理角度划分为 0°、45°和 90°分别进行试验。冲击气压由高压氮气瓶上的调节气阀控制,岩样试验设置 3 个水平:0.45 MPa、0.50 MPa 和 0.55 MPa,分别用 D_1、D_2、D_3 表示;煤样试验设置 5 个水平:0.45 MPa、0.50 MPa、0.55 MPa、

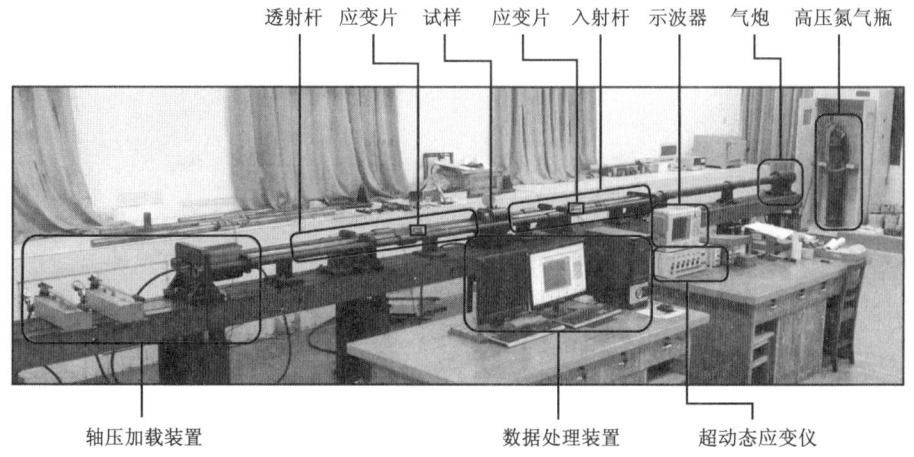

透射杆　应变片　试样　应变片　入射杆　示波器　气炮　高压氮气瓶

轴压加载装置　　　　　数据处理装置　　超动态应变仪

图 9-8　试验测试系统

0.60 MPa、0.65 MPa，分别用 D_1、D_2、D_3、D_4、D_5 表示。R 表示岩样，C 表示煤样。

　　根据岩石试样的层理角度不同将岩样分为 0°层理岩样、45°层理岩样和 90°层理岩样，分别对不同层理岩样设置 3 个冲击水平进行冲击试验设计，对煤样设置 5 个冲击水平进行冲击试验设计。

　　(1) 0°层理岩样冲击试验方案

　　保持围压 0 MPa、轴压 0 MPa 不变，冲击气压设 3 个水平：0.45 MPa、0.50 MPa、0.55 MPa。试验方案如表 9-1 所列。为了减少试验离散性，每组试验设置 2 个对照组选取其中一组进行后续定量分析。

表 9-1　0°层理岩样冲击试验方案

试样编号	轴压/MPa	围压/MPa	冲击气压/MPa
0°R-D_1	0	0	0.45
0°R-D_2	0	0	0.50
0°R-D_3	0	0	0.55

　　(2) 45°层理岩样冲击试验方案

　　保持围压 0 MPa、轴压 0 MPa 不变，冲击气压设 3 个水平：0.45 MPa、0.50

MPa、0.55 MPa。试验方案如表 9-2 所列。为了减少试验离散性,每组试验设置 2 个对照组选取其中一组进行后续定量分析。

表 9-2　45°层理岩样冲击试验方案

试样编号	轴压/MPa	围压/MPa	冲击气压/MPa
45°R-D$_1$	0	0	0.45
45°R-D$_2$	0	0	0.50
45°R-D$_3$	0	0	0.55

（3）90°层理岩样冲击试验方案

保持围压 0 MPa、轴压 0 MPa 不变,冲击气压设 3 个水平:0.45 MPa、0.50 MPa、0.55 MPa。试验方案如表 9-3 所列。为了减少试验离散性,每组试验设置 2 个对照组选取其中一组进行后续定量分析。

表 9-3　90°层理岩样冲击试验方案

试样编号	轴压/MPa	围压/MPa	冲击气压/MPa
90°R-D$_1$	0	0	0.45
90°R-D$_2$	0	0	0.50
90°R-D$_3$	0	0	0.55

（4）煤样冲击试验方案

保持围压 0 MPa、轴压 0 MPa 不变,冲击气压设 5 个水平:0.45 MPa、0.50 MPa、0.55 MPa、0.60 MPa、0.65 MPa。试验方案如表 9-4 所列。为了减少试验离散性,每组试验设置 3 个对照组选取其中一组进行后续定量分析。

表 9-4　煤样冲击试验方案

试样编号	轴压/MPa	围压/MPa	冲击气压/MPa
C-D$_1$	0	0	0.45
C-D$_2$	0	0	0.50
C-D$_3$	0	0	0.55
C-D$_4$	0	0	0.60
C-D$_5$	0	0	0.65

为了减小端部效应,放置试样时在试样两端均匀涂抹一层黄油,并保证试样与弹性杆间接触良好。每次试验固定冲头在发射腔内的位置,再施加预定冲击气压的动载荷。试样动静组合加载状态如图 9-9 所示。

(a) 岩样　　　　　　　　　　　(b) 煤样

图 9-9　试样动静组合加载状态

为了保证 SHPB 试验结果的正确性,在动载作用下,试样两端必须在岩石破坏前达到动态应力平衡。试样 C-D$_1$ 两端的动态应力波曲线如图 9-10 所示。可见,投射应力波 $\sigma_T(t)$ 基本上与入射应力波 $\sigma_I(t)$ 和反射应力波 $\sigma_R(t)$ 的叠加波重合,说明试样在动态加载过程中可以达到并保持动态应力平衡条件,从而验证了试验结果的有效性。

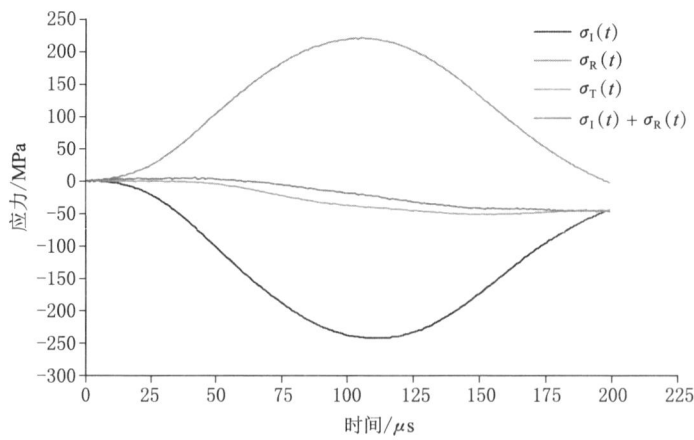

图 9-10　试样 C-D$_1$ 的动态应力波曲线

9.3　动静组合加载条件下煤岩体动力学特性

根据试验结果在每组对照组中选取一组试验数据作为后续定量分析的依据，表中动态强度为动态应力-应变曲线的峰值应力，反映了试样的抗冲击能力；峰值应变为试样达到峰值应力时所对应的应变。

9.3.1　0°层理岩样冲击试验结果分析

（1）0°层理岩样强度特性

0°层理岩样的基本信息以及动静组合加载试验结果见表 9-5。0°层理岩样在各加载条件下均发生破坏，其动态应力-应变曲线见图 9-11。

表 9-5　0°层理岩样的基本信息以及动静组合加载试验结果

试样编号	直径/mm	高度/mm	质量/g	冲击气压/MPa	动态强度/MPa	应变率/s⁻¹	峰值应变/%
0°R-D$_1$	49.2	49.7	225.06	0.45	58.23	33.80	0.005 64
0°R-D$_2$	48.9	50.0	223.26	0.50	63.46	36.36	0.006 08
0°R-D$_3$	49.1	50.3	229.84	0.55	64.85	39.92	0.005 70

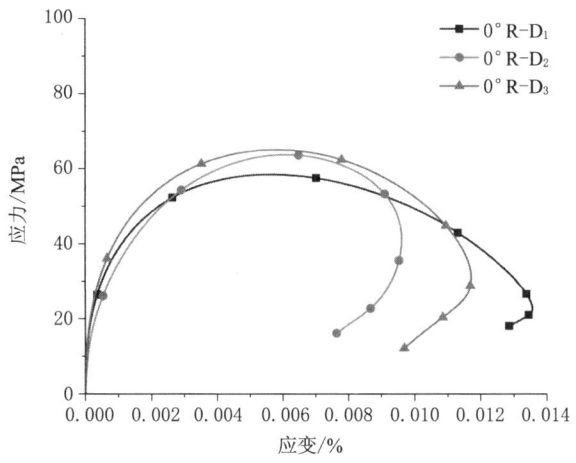

图 9-11　0°层理岩样动态应力-应变曲线

结合表 9-5 和图 9-11 可以看出,当冲击气压为 0.45 MPa 时,试样的动态强度为 58.23 MPa,应变率为 33.80/s;当冲击气压为 0.50 MPa 时,试样的动态强度为 63.46 MPa,应变率为 36.36/s;当冲击气压为 0.55 MPa 时,试样的动态强度为 64.85 MPa,应变率为 39.92/s。由此可得,随着冲击气压的增大,试样的动态强度逐渐增大,呈现出明显的应变率效应。同时,试样的常规冲击强度始终大于其单轴压缩强度。

(2)0°层理岩样动态强度的应变率效应

根据试验结果拟合出 0°层理岩样动态强度与应变率的关系如图 9-12 所示,拟合公式如下:

$$y = 1.038\,28x + 24.081\,9 \tag{9-5}$$

该拟合公式的相关系数 R^2 为 0.84,即 0°层理岩样动态强度与应变率的关系呈一元一次线性增长关系,呈现较强的应变率效应。

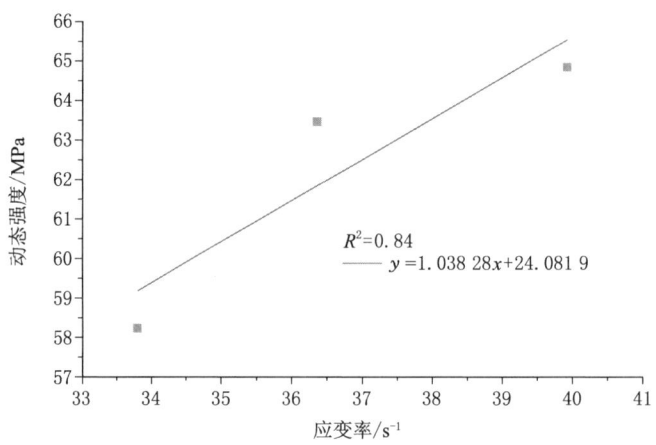

图 9-12 0°层理岩样动态强度与应变率拟合关系

(3)0°层理岩样动态弹性模量与应变率的关系

目前针对岩石的动态应力-应变曲线,国内外尚没有统一的计算其弹性模量的标准,本书以 0°层理岩样动态应力-应变曲线上峰值应力 20% 和 80% 两点间的割线斜率作为动态弹性模量。

$$E = \frac{\sigma_2 - \sigma_1}{\varepsilon_2 - \varepsilon_1} \tag{9-6}$$

式中,σ_1、σ_2 分别表示峰值应力的 20%、80% 所对应的轴向应力;ε_1、ε_2 分别表示峰值应力的 20%、80% 所对应的轴向应变。

0°层理岩样动态弹性模量与应变率关系如图 9-13 所示。

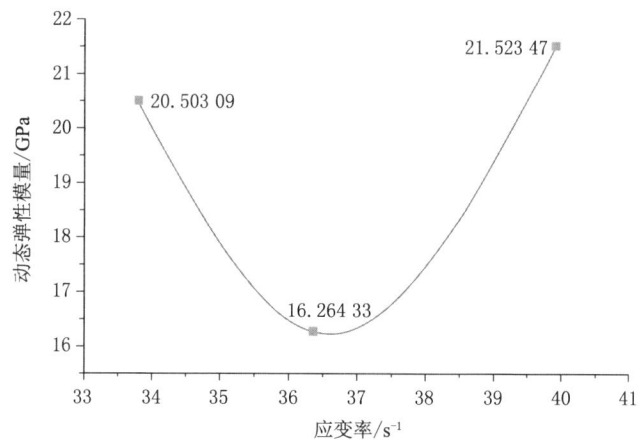

图 9-13　0°层理岩样动态弹性模量与应变率关系

由图 9-13 可知,0°层理岩样动态弹性模量随应变率的增加呈现先减小后增大的变化趋势。0°层理岩样动态弹性模量由应变率为 33.80/s 时的 20.503 09 GPa 下降到应变率为 36.36/s 时的 16.264 33 GPa,随着应变率的增加在应变率为 39.92/s 时动态弹性模量达到最大 21.523 47 GPa。最大动态弹性模量与最小动态弹性模量相差 5.259 14 GPa。

（4）0°层理岩样破坏形态与应变率的关系

对冲击压缩试验后的试样破碎产物进行收集,在不同应变率下 0°层理试样的试验过程和破坏形态如图 9-14 和图 9-15 所示,在不同的应变率下试样均呈现破碎状态。随着应变率的增大,试样破坏后形成的碎块粒径变小且数量明显增多,粒径分布很好地表征了不同应变率下试样的破坏形态,间接反映了在不同应变率下试样的破碎效果。碎块粒径和块度分布变化显示出试样破坏形态具有明显的应变率效应。

9.3.2　45°层理岩样冲击试验结果分析

（1）45°层理岩样强度特性

45°层理岩样的基本信息以及动静组合加载试验结果见表 9-6。45°层理岩样在各加载条件下均发生破坏,其动态应力-应变曲线见图 9-16。

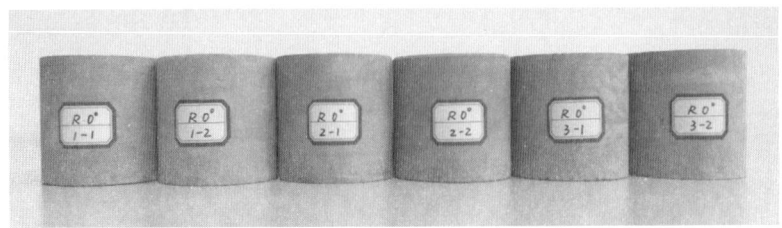

(a) 试验前

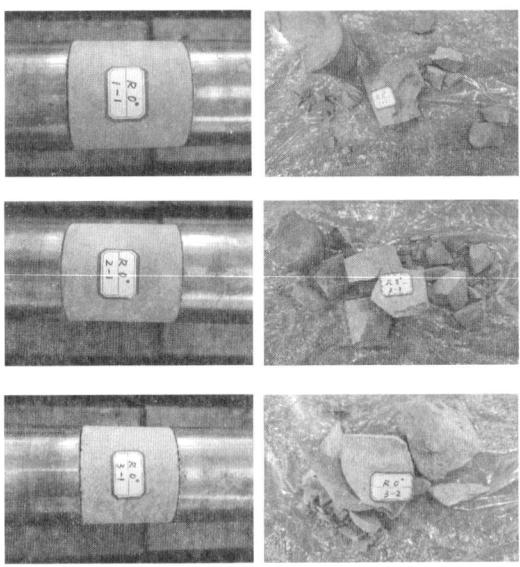

(b) 试验后

图 9-14　0°层理岩样冲击试验过程

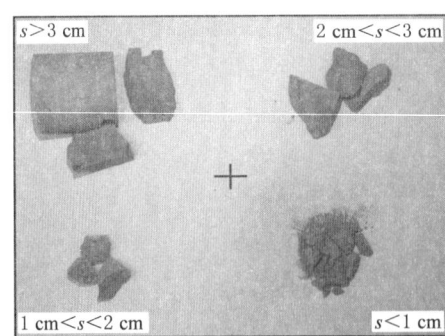

(a) 应变率: 33.80/s　　　　　　　(b) 应变率: 36.36/s

图 9-15　不同应变率下 0°层理岩样的破坏形态

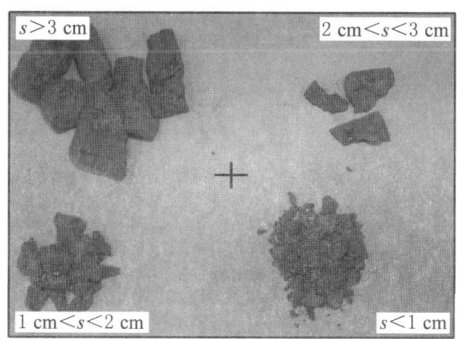

（c）应变率：39.92/s

图 9-15（续）

表 9-6　45°层理岩样的基本信息以及动静组合加载试验结果

试样编号	直径 /mm	高度 /mm	质量 /g	冲击气压 /MPa	动态强度 /MPa	应变率 /s⁻¹	峰值应变 /%
45°R-D$_1$	48.7	49.8	224.62	0.45	63.06	36.46	0.006 23
45°R-D$_2$	48.9	49.9	225.89	0.50	69.82	40.64	0.006 28
45°R-D$_3$	49.2	50.0	224.56	0.55	82.89	50.21	0.006 92

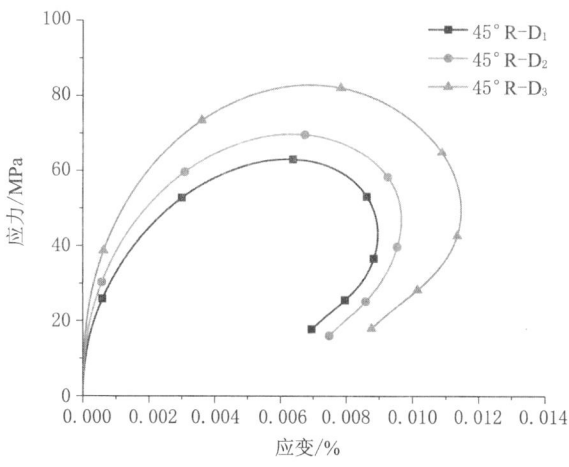

图 9-16　45°层理岩样动态应力-应变曲线

结合表 9-6 和图 9-16 可以看出,当冲击气压为 0.45 MPa 时,试样的动态强度为 63.06 MPa,应变率为 36.46/s;当冲击气压为 0.50 MPa 时,试样的动态强度为 69.82 MPa,应变率为 40.64/s;当冲击气压为 0.55 MPa 时,试样的动态强度为 82.89 MPa,应变率为 50.21/s。由此可得,随着冲击气压的增大,试样的动态强度逐渐增大,呈现出明显的应变率效应。同时,试样的常规冲击强度始终大于其单轴压缩强度。

(2)45°层理岩样动态强度的应变率效应

根据试验结果拟合出 45°层理岩样动态强度与应变率的关系如图 9-17 所示,拟合公式如下:

$$y = 1.428\,95x + 11.283\,33 \tag{9-7}$$

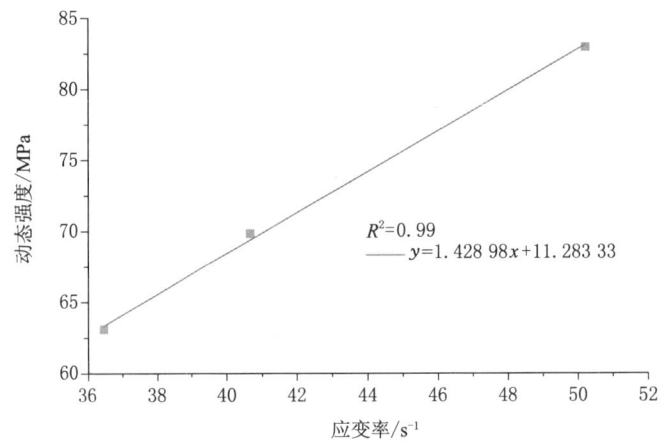

图 9-17　45°节理岩样动态强度与应变率拟合关系

该拟合公式的相关系数 R^2 为 0.99,即 45°层理岩样动态强度与应变率的关系呈一元一次线性增长关系,呈现较强的应变率效应。

(3)45°层理岩样动态弹性模量与应变率的关系

以 45°层理岩样动态应力-应变曲线上峰值应力 20% 和 80% 两点间的割线斜率作为动态弹性模量。

$$E = \frac{\sigma_2 - \sigma_1}{\varepsilon_2 - \varepsilon_1} \tag{9-8}$$

式中,σ_1、σ_2 分别表示为峰值应力的 20%、80% 所对应的轴向应力;ε_1、ε_2 分别表示峰值应力的 20%、80% 所对应的轴向应变。

45°层理岩样动态弹性模量与应变率关系如图 9-18 所示。

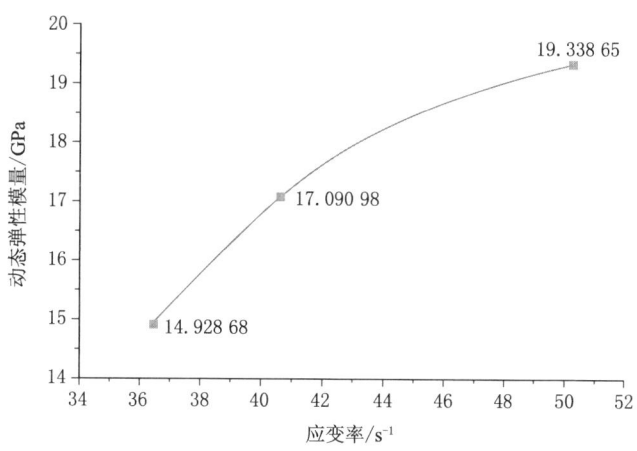

图 9-18 45°节层理岩样动态弹性模量与应变率关系

由图 9-18 可知,45°层理岩样动态弹性模量随应变率的增加呈单调递增的变化趋势。45°层理岩样动态弹性模量由应变率为 36.46/s 时的 14.928 68 GPa 增长到应变率为 40.64/s 时的 17.090 98 GPa,随着应变率的增加在应变率为 50.21/s 时动态弹性模量达到最大 19.338 65 GPa。最大动态弹性模量与最小动态弹性模量相差 4.409 97 GPa。

（4）45°层理岩样破坏形态与应变率的关系

对冲击压缩试验后的试样产物进行收集,在不同应变率下 45°层理试样的试验过程和破坏形态如图 9-19 和图 9-20 所示,在不同的应变率下试样均呈现破碎状态。随着应变率的增大,试样破坏后形成的碎块粒径变小且数量明显增多,粒径分布很好地表征了不同应变率下试样的破坏形态,间接反映了在不同应变率下试样的破碎效果。碎块粒径和块度分布变化显示出试样破坏形态具有明显的应变率效应。

9.3.3 90°层理岩样冲击试验结果分析

（1）90°层理岩样强度特性

90°层理岩样的基本信息以及动静组合加载试验结果见表 9-7。90°层理岩样在各加载条件下均发生破坏,其动态应力-应变曲线见图 9-21。

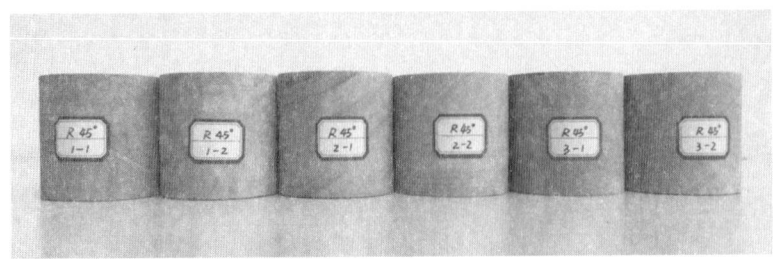

（a）试验前

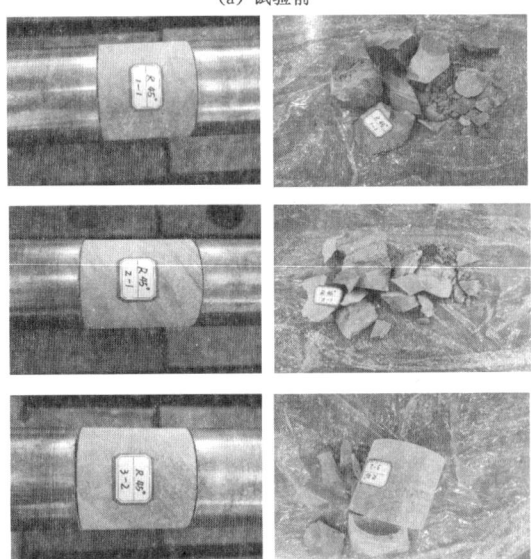

（b）试验后

图 9-19　45°层理岩样冲击试验过程

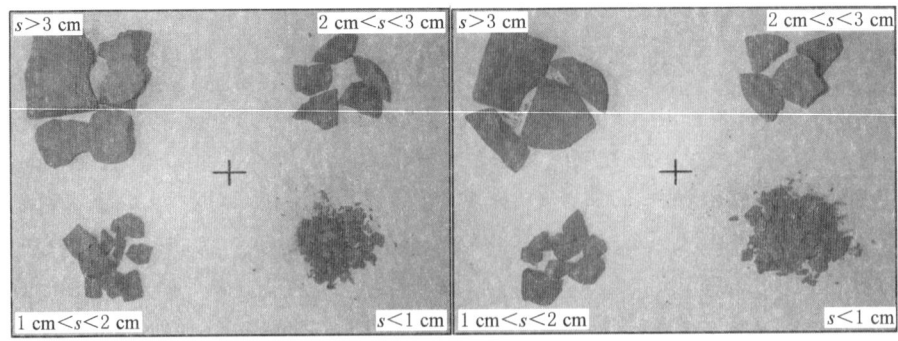

（a）应变率：36.46/s　　　　　　（b）应变率：40.64/s

图 9-20　不同应变率下 45°层理岩样的破坏形态

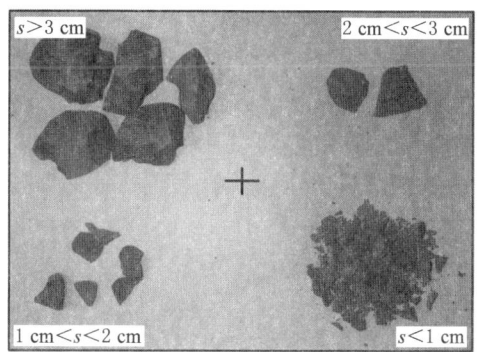

（c）应变率：50.21/s

图 9-20（续）

表 9-7 **90°层理岩样的基本信息以及动静组合加载试验结果**

试样编号	直径 /mm	高度 /mm	质量 /g	冲击气压 /MPa	动态强度 /MPa	应变率 /s^{-1}	峰值应变 /%
90°R-D$_1$	49.3	50.0	227.41	0.45	60.93	34.14	0.005 89
90°R-D$_2$	49.1	50.0	228.45	0.50	81.35	47.27	0.005 70
90°R-D$_3$	49.2	50.6	228.67	0.55	90.70	52.26	0.006 83

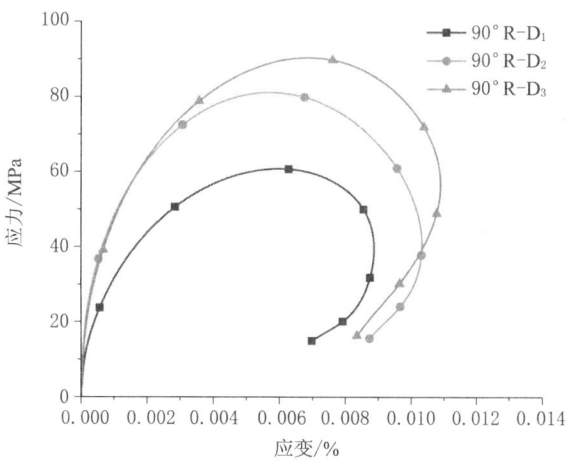

图 9-21 90°层理岩样动态应力-应变曲线

结合表 9-7 和图 9-21 可以看出,当冲击气压为 0.45 MPa 时,试样的动态强度为 60.93 MPa,应变率为 34.14/s;当冲击气压为 0.50 MPa 时,试样的动态强度为 81.35 MPa,应变率为 47.27/s;当冲击气压为 0.55 MPa 时,试样的动态强度为 90.70 MPa,应变率为 52.26/s。由此可得,随着冲击气压的增大,试样的动态强度逐渐增大,呈现出明显的应变率效应。同时,试样的常规冲击强度始终大于其单轴压缩强度。

(2) 90°层理岩样动态强度的应变率效应

根据试验结果拟合出 90°层理岩样动态强度与应变率的关系如图 9-22 所示,拟合公式如下:

$$y = 1.935\ 8x + 10.348\ 69 \tag{9-9}$$

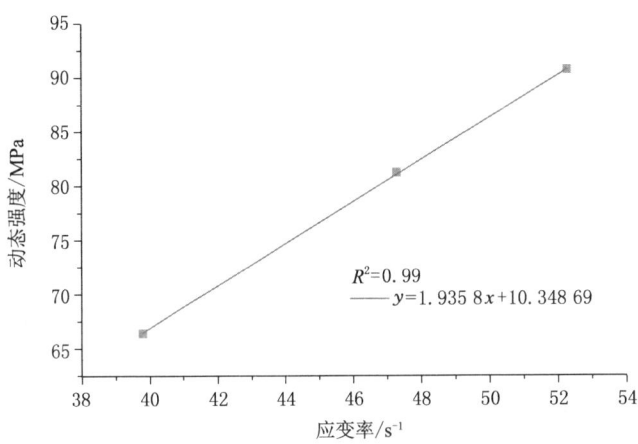

图 9-22 90°层理岩样动态强度与应变率拟合关系

该拟合公式的相关系数 R^2 为 0.99,即 90°节理岩样动态强度与应变率的关系呈一元一次线性增长关系,呈现较强的应变率效应。

(3) 90°层理岩样动态弹性模量与应变率的关系

以 90°层理岩样动态应力-应变曲线上峰值应力 20% 和 80% 两点间的割线斜率作为动态弹性模量。

$$E = \frac{\sigma_2 - \sigma_1}{\varepsilon_2 - \varepsilon_1} \tag{9-10}$$

式中,σ_1、σ_2 分别表示为峰值应力的 20%、80% 所对应的轴向应力;ε_1、ε_2 分别表示峰值应力的 20%、80% 所对应的轴向应变。

90°层理岩样动态弹性模量与应变率关系如图 9-23 所示。

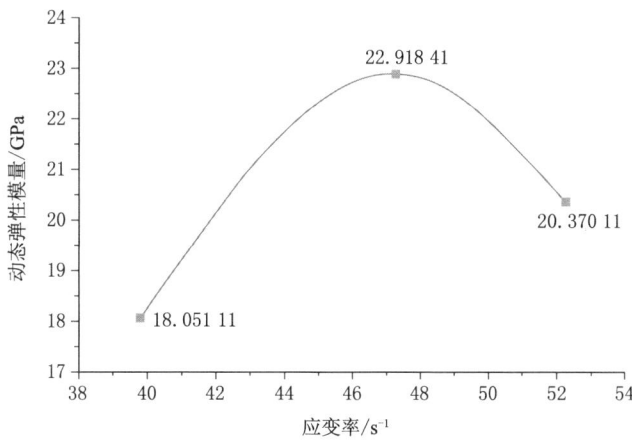

图 9-23 90°层理岩样动态弹性模量与应变率关系

由图 9-23 可知,90°层理岩样动态弹性模量随应变率的增加呈先增大后减小的变化趋势。90°层理岩样动态弹性模量由应变率为 34.14/s 时的 18.051 11 GPa 增长到应变率为 47.27/s 时的 22.918 41 GPa,随着应变率的增加在应变率为 52.26/s 时动态弹性模量达到最大 20.370 11 GPa。最大动态弹性模量与最小动态弹性模量相差 4.867 3 GPa。

（4）90°层理岩样破坏形态与应变率的关系

对冲击压缩试验后的试样产物进行收集,在不同应变率下 90°层理试样的试验过程和破坏形态如图 9-24 和图 9-25 所示,在不同的应变率下试样均呈现破碎状态。随着应变率的增大,试样破坏后形成的碎块粒径变小且数量明显增多,粒径分布很好地表征了不同应变率下试样的破坏形态,间接反映了在不同应变率下试样的破碎效果。碎块粒径和块度分布变化显示出试样破坏形态具有明显的应变率效应。

9.3.4 煤样冲击试验结果分析

（1）煤样强度特性

煤样的基本信息以及动静组合加载试验结果见表 9-8。煤样在各加载条件下均发生破坏,其动态应力-应变曲线见图 9-26。

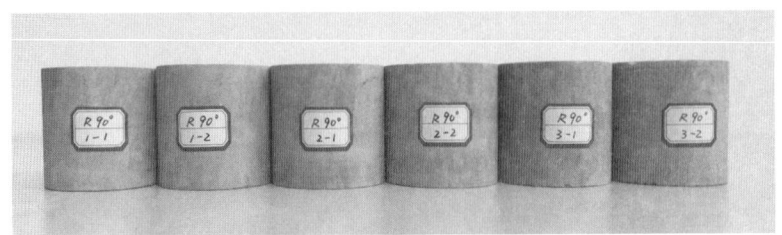

(a) 试验前

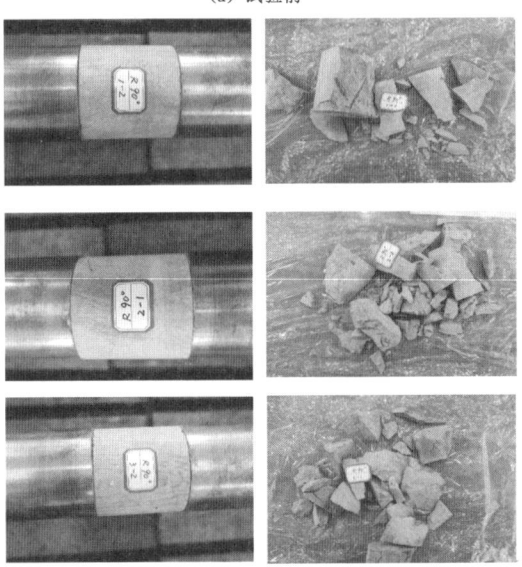

(b) 试验后

图 9-24　90°层理岩样冲击试验过程

(a) 应变率: 34.14/s　　　　　　　(b) 应变率: 47.27/s

图 9-25　不同应变率下 90°层理岩样的破坏形态

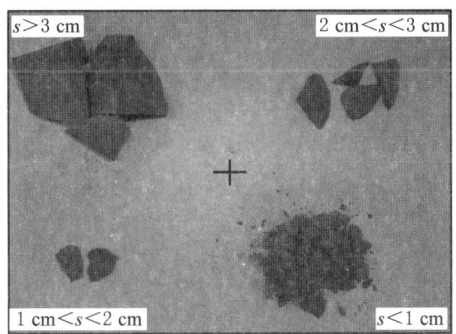

(c) 应变率: 52.26/s

图 9-25(续)

表 9-8 煤样的基本信息以及动静组合加载试验结果

试样编号	直径 /mm	高度 /mm	质量 /g	冲击气压 /MPa	动态强度 /MPa	应变率 /s⁻¹	峰值应变 /%
C-D₁	50.0	50.1	121.22	0.45	16.80	11.97	0.007 83
C-D₂	48.9	50.6	119.82	0.50	27.11	17.75	0.008 24
C-D₃	50.0	50.2	126.61	0.55	32.95	20.91	0.011 94
C-D₁	50.0	49.9	119.64	0.60	37.73	24.92	0.015 13
C-D₅	49.9	50.1	123.67	0.65	46.31	28.74	0.011 72

结合表 9-8 和图 9-26 可以看出,当冲击气压为 0.45 MPa 时,试样的动态强度为 16.8 MPa,应变率为 11.97/s;当冲击气压为 0.50 MPa 时,试样的动态强度为 27.11 MPa,应变率为 17.75/s;当冲击气压为 0.55 MPa 时,试样的动态强度为 32.95 MPa,应变率为 20.91/s;当冲击气压为 0.60 MPa 时,试样的动态强度为 37.73 MPa,应变率为 24.92/s;当冲击气压为 0.65 MPa 时,试样的动态强度为 46.31 MPa,应变率为 28.74/s。由此可得,随着冲击气压的增大,试样的动态强度逐渐增大,呈现出明显的应变率效应。同时,试样的常规冲击强度始终大于其单轴压缩强度。

(2) 煤样动态强度的应变率效应

根据试验结果拟合出煤样动态强度与应变率的关系如图 9-27 所示,拟合公式如下:

$$y = 1.712\ 12x - 3.531\ 44 \tag{9-11}$$

该拟合公式的相关系数 R_2 为 0.99,即煤样动态强度与应变率的关系呈一

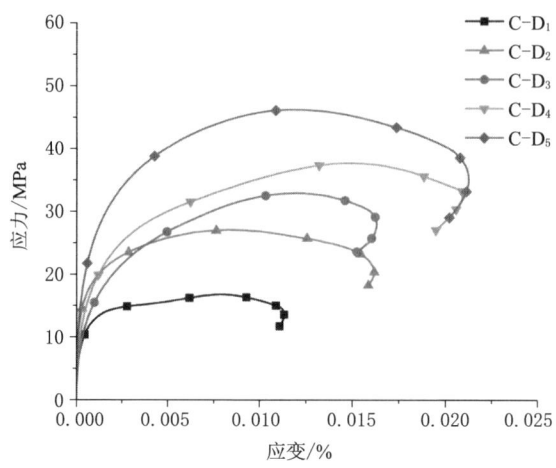

图 9-26　煤样动态应力-应变曲线

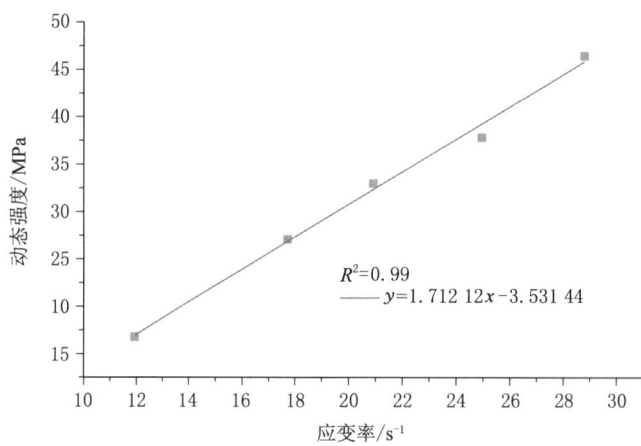

图 9-27　煤样动态强度与应变率拟合关系

元一次线性增长关系。煤样的动态强度呈现较强的应变率效应。

（3）煤样动态弹性模量与应变率的关系

以煤样动态应力-应变曲线上峰值应力 20％和 80％两点间的割线斜率作为动态弹性模量。

$$E = \frac{\sigma_2 - \sigma_1}{\varepsilon_2 - \varepsilon_1} \tag{9-12}$$

式中，σ_1、σ_2 分别表示为峰值应力的 20％、80％ 所对应的轴向应力；ε_1、ε_2 分别表示峰值应力的 20％、80％ 所对应的轴向应变。

煤样动态弹性模量与应变率关系如图 9-28 所示。

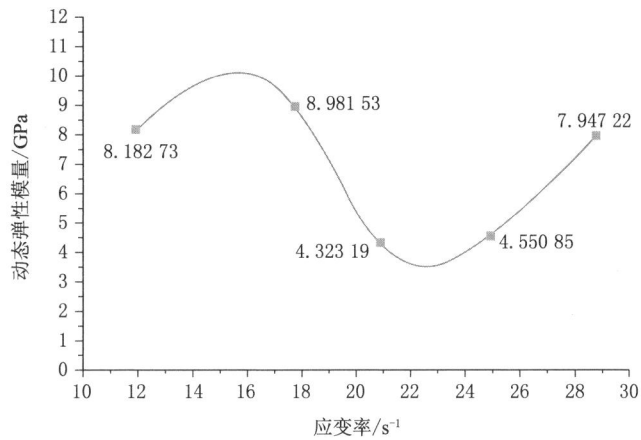

图 9-28　煤样动态弹性模量与应变率关系

由图 9-28 可知，煤样动态弹性模量随应变率的增加呈先增大后减小再增大的波动变化。煤样动态弹性模量由应变率为 11.97/s 时的 8.182 73 GPa 增长到应变率为 17.75/s 时的 8.981 53 GPa，随着应变率的增加在应变率为 20.91/s 时动态弹性模量下降到 4.323 19 GPa，随后在应变率为 24.92/s 时达到 4.550 85 GPa，最终在应变率为 28.74/s 时动态弹性模量为 7.947 22 GPa。最大动态弹性模量与最小动态弹性模量相差 4.66 GPa。

（4）煤样破坏形态与应变率的关系

对冲击压缩试验后的试样破碎产物进行收集，在不同应变率下煤样的破坏形态如图 9-29 所示，在不同的应变率下试样均呈现破碎状态。随着应变率的增大，试样破坏后形成的碎块粒径变小且数量明显增多，粒径分布很好地表征了不同应变率下试样的破坏形态，间接反映了在不同应变率下试样的破碎效果。碎块粒径和块度分布变化显示出试样破坏形态具有明显的应变率效应。

（a）应变率：11.97/s　　　　　　　（b）应变率：17.75/s

（c）应变率：20.91/s　　　　　　　（d）应变率：24.92/s

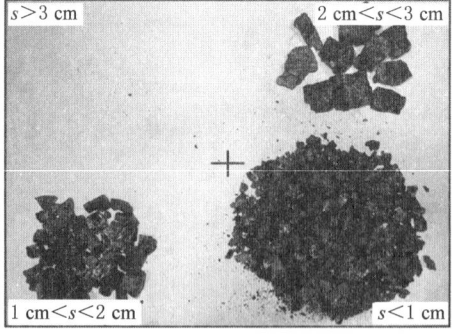

（e）应变率：28.74/s

图 9-29　不同应变率下煤样的破坏形态

9.4　本章小结

本章利用分离式霍普金森压杆对煤样、0°层理岩样、45°层理岩样及 90°层理岩样进行了动态压缩试验。通过改变冲击气压的大小探究不同应变率下试样的动力学特性。根据试验数据分析试样的动态应力-应变曲线、动态强度与应变率的关系、动态弹性模量与应变率的关系及试样破坏形态与应变率的关系,获得了相应的煤岩动力学特性及规律如下:

(1) 不论是煤样还是不同节理角度的岩样在不同的加载条件下,各力学参数大多表现出强烈的应变率效应。

(2) 试样的常规冲击强度始终大于其单轴压缩强度。在对不同节理角度岩样的动态强度对比中可以得出,0°层理岩样与 45°层理岩样的动态强度相差不大且明显低于 90°层理岩样的动态强度。

(3) 试样的动态强度与应变率之间呈相关系数较高的线性关系($R^2 = 0.99$)。通过拟合不同试样的动态强度与应变率的关系,获得了煤样及不同层理角度的岩样与应变率的拟合公式。

(4) 试样的动态弹性模量随应变率的变化趋势各不相同。煤样的动态弹性模量随应变率的变化趋势为先增大后减小再增大的波形变化;0°层理岩样动态弹性模量随应变率的变化趋势为先减小再增大;45°层理岩样动态弹性模量随应变率的变化趋势为单调递增;90°层理岩样动态弹性模量随应变率的变化趋势为先增大再减小。由此可得试样的动态弹性模量对应变率的变化并不敏感。因此,岩样的动态弹性模量与应变率之间并没有出现较强的应变率效应。

(5) 试样的破坏形态皆表现出较强的应变率效应。在不同应变率下,不论是煤样还是不同节理角度的岩样都呈现破碎状态,且随着应变率的增大其破坏后形成的碎块粒径变小且数量明显增多,粒径分布很好地表征了不同应变率下试样的破坏形态,间接反映了不同应变率下试样的破碎效果。碎块粒径和块度分布变化显示出试样破坏形态具有明显的应变率效应。

10 动载作用下裂隙围岩巷道变形破坏特征

随着矿井开采深度和强度的不断加强,深部巷道处于一种复杂的"三高一扰动"力学环境。在动载作用下,巷道围岩大变形、大范围破坏造成的安全事故,制约着煤矿的安全高效生产。岩体本身具有较强的非一致性,在载荷作用下岩体非一致性对其破坏方式及力学行为有重要的影响。本章以具有较高非一致特性的采动巷道为实际工程背景,运用有限差分软件FLAC3D模拟分析了动载条件下岩体非一致性对巷道顶板下沉分布、顶板应力分布、围岩塑性区的影响。

10.1 裂隙围岩巷道动载模拟方法

10.1.1 背景分析

在采矿工程中,由于浅部资源日益枯竭,国内外矿山相继进入了深部资源开采的状态[182]。在深部复杂的开采环境中,煤系地层受沉积作用的影响,岩性相对软弱,节理裂隙发育程度高,其岩体内部不均匀分布的节理裂隙使深部巷道围岩具有较强的空间非一致性,深部巷道出现了各种非线性大变形力学现象,给深部岩体工程带来了巨大的风险和挑战。与此同时,深部巷道围岩处于一种复杂的"三高一扰动"力学环境,矿井动力灾害日益加剧,呈现出破坏程度大、发生频率高的趋势,深部巷道的维护难度越来越大[183],严重制约了矿井的安全生产和经济效益。据统计,煤矿巷道中80%以上为动压巷道,受工作面岩层剧烈运动、覆岩破裂、断层活化、爆破等引起的微震和矿震影响,动压巷道受到频繁的动载扰动。在这种复杂的条件下,动载扰动一方面可能直接诱发围岩灾变破坏,导致瞬时突变型失稳;另一方面,当动载扰动的量级不足以直接诱发围岩灾变破坏时,反复多次的弱动力载荷会在微细观尺度上引起围岩的损伤劣化,加速围岩失稳进程,最终诱发围岩灾变失稳。根据数据统计[184],我国已经有超过170个煤矿发生过动力灾害事故,累计破坏的巷道长达数百米,造成了巨大的经济损失。目前,围绕动载作用下巷道围岩稳定性控制难题,众多学者开展了大量研究。陈建君等[185]采用FLAC3D模拟了动载作用在不同的方向和位置对矩形巷道围岩变形速度的影响;Kong 等[186]采用 FLAC3D 模拟了动静载叠加载荷下巷道的变形破坏;朱万成等[187]采用 RFPA 模拟了不同侧压力系数下动载导致深部巷道失稳破坏的过程。

虽然已经有众多学者对动载作用下巷道围岩稳定性做了大量的研究,但是目前的研究成果主要是针对动载作用对巷道稳定性的影响研究,忽略了岩体本身的各向异性和非均质性对岩体力学行为和破坏方式的影响。因此,本书从考虑岩体非均质性的角度出发,以赵固二矿为工程背景,分析动载作用下岩体非均质性对巷道变形和破坏的影响,以期为进一步研究其他裂隙围岩巷道且常受动载扰动的岩石工程提供方法及经验参考。

10.1.2 模型建立

以赵固二矿 11030 工作面为工程背景建立模型算例,建立 FLAC3D 三维数值模型如图 10-1 所示。根据先前对同一矿山数值研究[151],确定了模型边界条件和支护设计,并对模型尺寸和网格密度进行了敏感性分析,确定模型尺寸为:长 60 m,宽 60 m,高 60 m。假设上覆岩层的容重为 0.025 MN/m³,在模型顶部施加 15 MPa 垂直应力模拟上覆岩层的压力。x、y 方向的水平应力分别设置为垂直应力的 0.8 倍和 1.2 倍,模型的四周和底部采用位移限定边界,围岩力学参数见表 8-3。

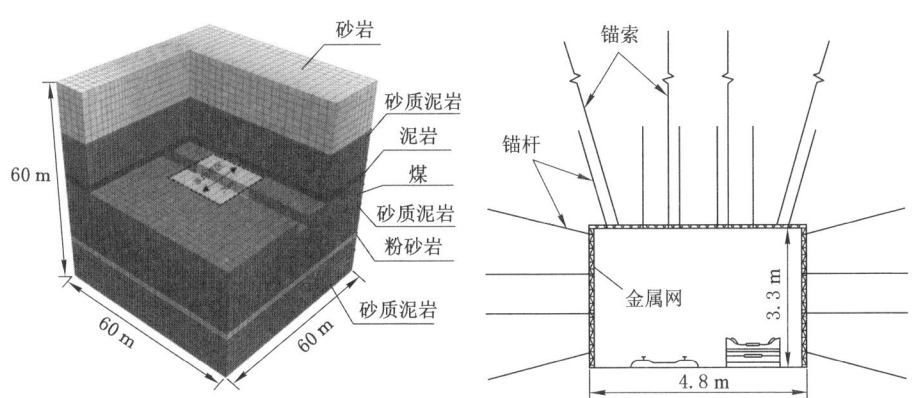

图 10-1 三维数值模型及支护示意图

10.1.3 动载的确定

在进行数值模拟动力计算时,选择合理的动载施加方式及施加条件是非常重要的。目前,认为动力灾害事故发生和震源产生的震动波在岩体中传播是密切相关的。但是对于震源的准确定位还是有一定难度的。实际上，传播到巷道的应力波往往是经过多次干涉和反射后的复杂应力波，其解析表达式通过理论推导很难获得。根据弹性波理论，任何复杂的应力波都可以通过多个正弦波进行傅立叶变换得到[188-190]。因此本书通过模拟正弦波来完成动态载荷的施加。

对于 z 方向传播的正弦波，其质点速度 $v(z,t)$ 如下所示：

$$v(z,t) = v_0 \sin[2\pi f(t - z/c)] \tag{10-1}$$

式中，v_0 是质点的最大震动速度；f 是震动波的频率。

值得注意的是，当震动波作用于模型时材料内部的摩擦或内部接触面的滑移均会产生阻尼。在本书的模拟中所采用的阻尼形式是局部阻尼，在震动循环中通过在节点或结构单元节点上增加或减小质量的方法达到收敛。由于增加的单元质量和减小的相等，因此系统保持质量守恒。研究表明，采用局部阻尼模拟岩石力学的动力分析能够取得较理想的效果，且岩石的局部阻尼一般为 $2\%\sim$ 5%，因此，动力计算过程中局部阻尼选择 5%。另一方面，材料本身具有自振频率，属于材料的固有属性。为了避免巷道的自振频率和受到的震动波发生共振，用中心频率代替自振频率，设为 10 Hz。

在震源影响作用下，能量波传达到围岩内，使岩体内的质点发生振动。巷道围岩内质点震动的最大速度称为峰值震动速度（PPV），以 PPV 来表征动载强度。一些研究人员对不同能级的动力灾害事件进行了分析和总结。根据有关文献，模拟中的频率为 $f=10$ Hz 时，平均峰值震动速度为 2.5 m/s[191]。

10.2 动载作用下裂隙岩体非均质性对巷道围岩稳定性影响

为探究动载作用下裂隙围岩巷道的围岩稳定性情况，根据不同动载强度下的顶板应力分布、顶板空间分布特征、顶板变形规律及塑性破坏区分布三个方面分析动载作用下岩体非均质性对巷道围岩稳定性的影响。

10.2.1 动载下非均匀系数对顶板空间分布及变形的影响

在动载条件下，巷道顶板垂直位移空间形态如图 10-2 所示。与静载条件下相比，动载作用下巷道顶板垂直位移空间形态发生明显变化，顶板的下沉变形量增加显著。$m=1$ 时，顶板的垂直位移受动载强度影响最大，最大下沉量从 127.1 mm（PPV＝0.5 m/s）增加到 192.2 mm（PPV＝2.5 m/s）。结合表 10-1 中不同动载条件下的顶板下沉值和图 10-2 中顶板的下沉变形量发现，由岩体均质程度变化引起对顶板变形量的影响，会随着动载的增强而发生变化。当动载强度为 PPV＝0.5 m/s 时，顶板的最大下沉值从 127.1 mm 减少到 48.6 mm；PPV＝1.5 m/s 时，顶板

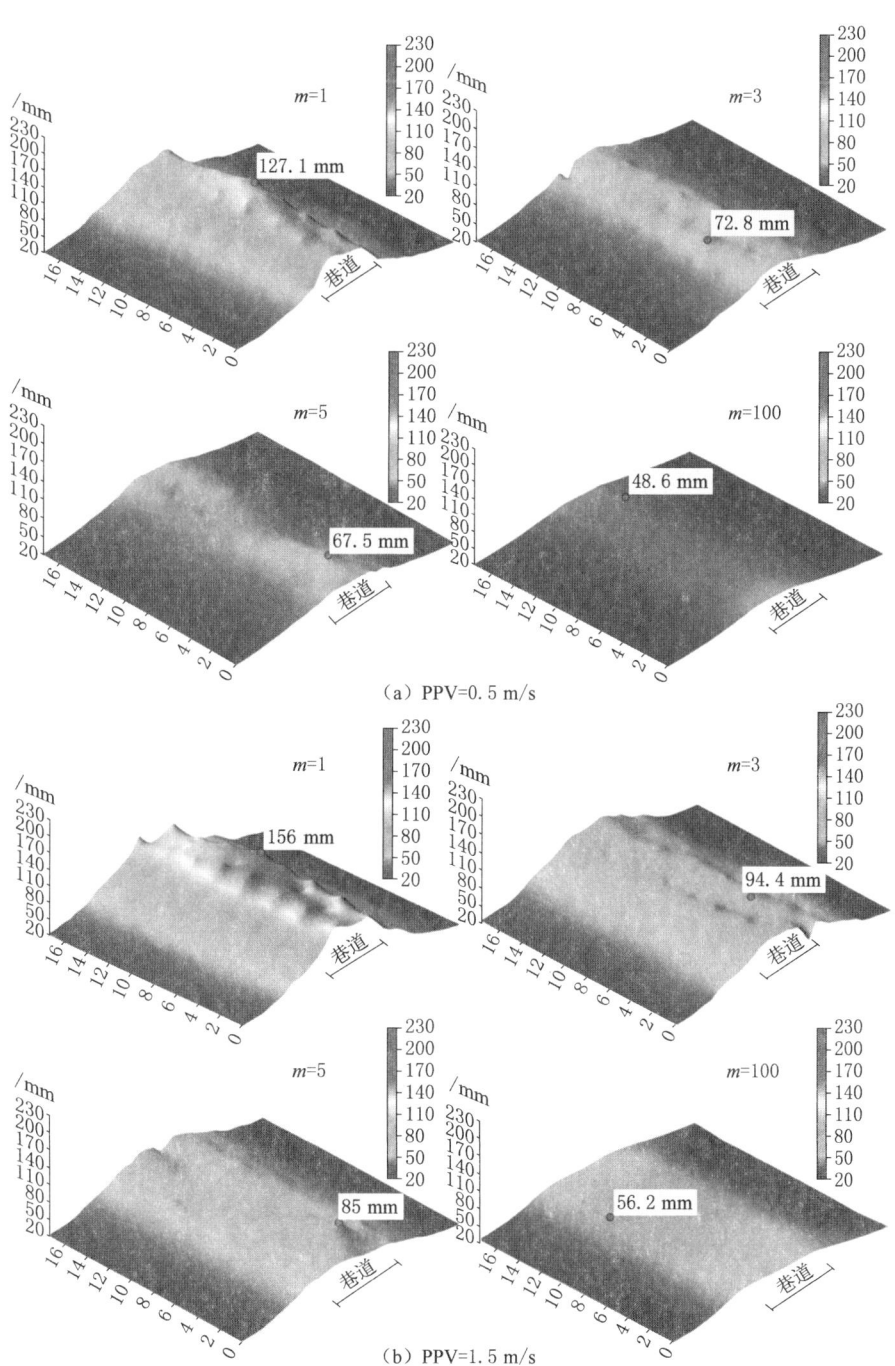

（a）PPV=0.5 m/s

（b）PPV=1.5 m/s

图 10-2　非均质顶板垂直位移空间形态

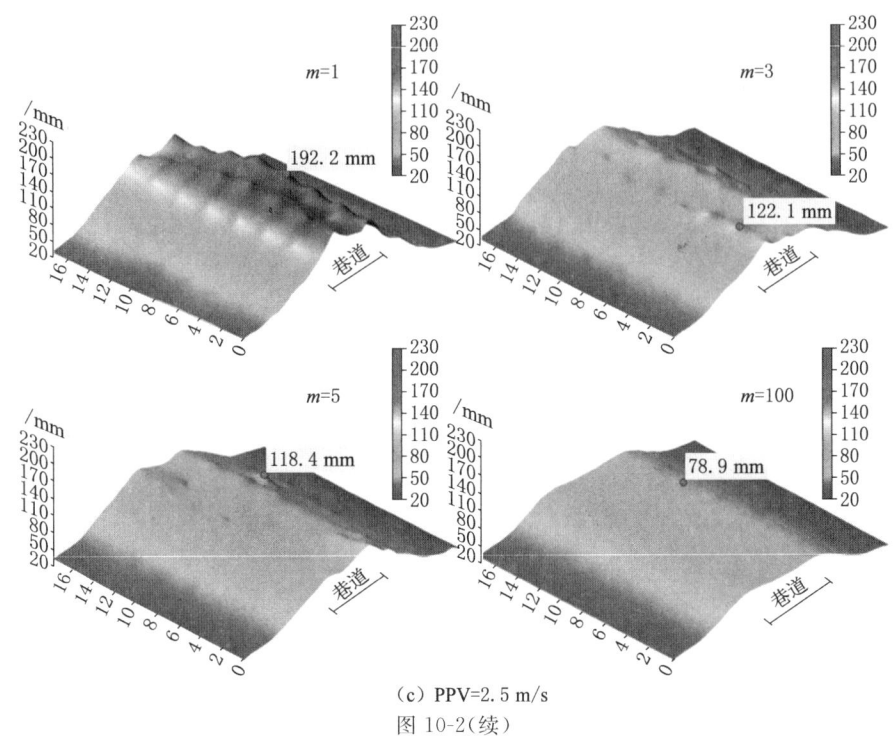

（c）PPV=2.5 m/s

图 10-2（续）

的最大下沉值从 156 mm 减少到 56.2 mm；PPV＝2.5 m/s 时，顶板的最大下沉值从 192.2 mm 减少到 78.9 mm。在不同动载条件下，由岩体均质程度变化所导致的顶板最大下沉变化值分别为 78.5 mm、99.8 mm、113.3 mm。对比可以看出，动载强度越强，岩体非均质性对顶板下沉变形的影响越显著。在空间分布上，随着顶板均质程度的增加，顶板下沉从不均匀向均匀发展。岩体非均质性对顶板空间形态的影响随着动载条件的改变发生变化。根据图 10-2 中不同动载条件下顶板空间形态，动载越强岩体非均质性对顶板垂直位移空间形态的影响越大。

表 10-1　不同动载条件下的顶板平均下沉值

| PPV/(m/s) | 顶板平均下沉值/mm | | | |
| | 非均匀系数 m | | | |
	1	3	5	100
0	95.1	53.0	46.2	37.6
0.5	102.5	59.4	51.8	42.4
1.5	129.3	79.8	69.8	54.1
2.5	158.2	107.2	94.7	76.9

为研究动载作用下岩体非均质性对顶板下沉分布的影响,对不同动载条件下的非均质顶板下沉量进行监测。不同动载条件下非均质顶板的下沉分布特征及变形规律如图 10-3 所示。

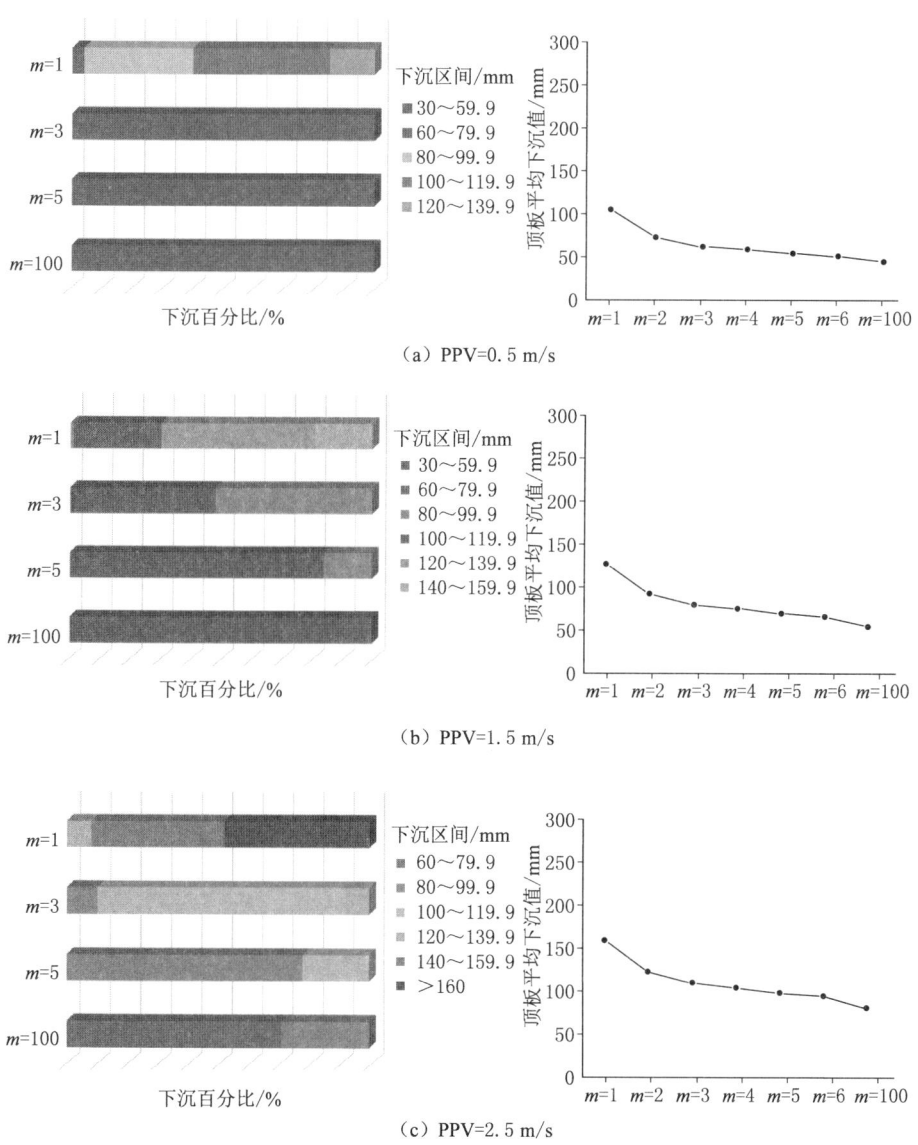

（a）PPV=0.5 m/s

（b）PPV=1.5 m/s

（c）PPV=2.5 m/s

图 10-3　动载作用下非均质顶板的下沉分布特征及变形规律

PPV=0.5 m/s 时顶板下沉分布特征如图 10-3(a)所示。通过分析可以发现,顶板下沉分布特征及变形规律与静载条件下的分布特征及变形规律相似。顶板的平均下沉值随着岩体均质程度增加而产生的差值为 60.1 mm,与静载时相比差值仅为 2.6 mm。由图 10-3(a)可知顶板的下沉分布主要集中在区间 30～59.9 mm,顶板整体下沉变形量较小。其中 $m=5$ 和 $m=100$ 的下沉分布受动载影响最小,下沉分布特征变化不明显。

PPV=1.5 m/s 时顶板下沉分布特征如图 10-3(b)所示。动载强度增强后顶板下沉分布受动载的影响发生改变。均质程度不同的顶板受动载的影响有明显不同,与 PPV=0.5 m/s 时顶板下沉分布占比相比,$m=3$ 时顶板下沉分布占比变化量最大。在区间 30～59.9 mm 中的下沉占比相对增加了 50%。但 $m=100$ 时的顶板下沉分布特征变化不明显,受动载影响较小。

PPV=2.5 m/s 时顶板下沉分布特征如图 10-3(c)所示。由图可知,动载强度继续加强后,对顶板下沉分布的影响再次发生改变。随着动载强度的增加,顶板下沉变形量有显著增加。在区间 80～99.9 mm 和 100～119.9 mm 中的顶板下沉分布占比大量增加。顶板的平均下沉值随着岩体均质程度增加而产生的差值为 81.3 mm,与 PPV=0.5 m/s 时相比差值为 21.2 mm。

通过上述对比分析发现,在不同动载条件下非均质顶板分布特征有明显不同。当动载强度较小时,顶板下沉分布主要由岩体均质程度决定,动载对于顶板下沉分布的影响较小。岩体均质程度越强,顶板完整性越高,顶板下沉分布在变形量较小的区间中占比越大。随着动载的加强,均质程度不同的岩体受动载的影响程度也不同,顶板的下沉分布特征和顶板变形规律会发生明显改变。均质程度较小时的顶板,岩体力学性质差,顶板下沉分布更容易受动载的影响,顶板下沉分布会集中在相对变形量较大的区间中。因此,在动载强度较高的条件下,顶板下沉分布受岩体非均质性和动载强度共同影响。

10.2.2 动载下非均匀系数对顶板应力分布的影响

不同动载条件下非均质顶板的垂直应力分布如图 10-4 所示。通过对比可以看出,在不同动载条件下,岩体非均质性对顶板垂直应力分布的影响有明显差异。不同动载条件下顶板局部应力降低区在顶板的面积占比见表 10-2。根据在同一动载强度下局部应力降低区的面积占比可以发现,顶板局部应力降低区的面积随岩体均质程度的增加而降低,当 $m=100$ 时,顶板局部应力分布消失。

当动载强度 PPV=0.5 m/s 时,$m=1$ 的顶板应力降低区的面积占比为 10.2%,$m=5$ 的顶板应力降低区的面积占比为 3.3%,减少了 6.9%。随着动载强度增加到 PPV=1.5 m/s 和 PPV=2.5 m/s 时,由均质程度变化(从 $m=1$ 到

m=5)引起的应力降低区减少的面积占比分别为 11.1% 和 22.5%。对于均质顶板(m=100),随着动载强度的增加,顶板发生破坏,沿顶板中轴位置出现了应力降低带,聚集在顶板中的能量被释放。对比静载条件下顶板的垂直应力分布可知,岩体非均质性对顶板垂直应力分布的影响受动载作用会发生改变。结合表 10-2 和图 10-4 可知,不同动载下由岩体均质程度改变引起顶板的应力和下沉值的变化量越来越大,即动载强度越大,岩体非均质性对顶板稳定性的影响也越大。

表 10-2 不同动载条件下的局部应力降低区面积占比

PPV/(m/s)	局部应力降低区面积占比/%			
	非均匀系数 m			
	1	3	5	100
0.5	10.2	11.0	3.8	0
1.5	16.5	10.8	5.3	0
2.5	38.6	10.8	16.0	0

10.2.3 动载下非均匀系数对塑性区分布的影响

在不同动载条件下,裂隙围岩巷道不同位置断面塑性区变化如图 10-5 所示。对比图 10-5 可以看出,动载施加后对塑性区的范围和破坏特征影响显著。在动载条件下顶底板塑性区范围随着岩体均质程度的增加而发生变化。为研究动载对裂隙围岩巷道的影响,以巷道 22 m 处断面顶底板塑性区范围及巷道围岩破坏单元数为研究对象进行分析。根据图 10-5 可知,当动载强度 PPV=1.5 m/s 时,随着岩体均质程度的增加,顶底板塑性区范围分别从 5 m 和 7.8 m 减少到 4.0 m 和 5.2 m;当动载强度 PPV=2.5 m/s 时,随着岩体均质程度的增加,底板塑性区范围从 8.6 m 减少到 6.9 m,顶板塑性区范围没有变化。通过对比两类动载强度下的顶底板塑性区范围变化可知,随着动载的加强,岩体非均质性对顶底板塑性区范围的影响有减弱的趋势。

不同动载下巷道 22 m 处断面塑性区破坏单元数见表 10-3。对表进行分析可知,塑性区破坏单元数随着岩体均质程度的增加呈现下降的趋势。在动载强度 PPV=0 m/s、1.5 m/s、2.5 m/s 时,由岩体一致性程度变化引起的塑性区破坏单元数最大变化差分别为 27 个、76 个、81 个。通过对比可以看出,随着动载增强,岩体中破坏单元数逐渐增多,但是由岩体均质程度变化引起对围岩破坏单元数量的影响随着动载的增强而呈下降趋势。

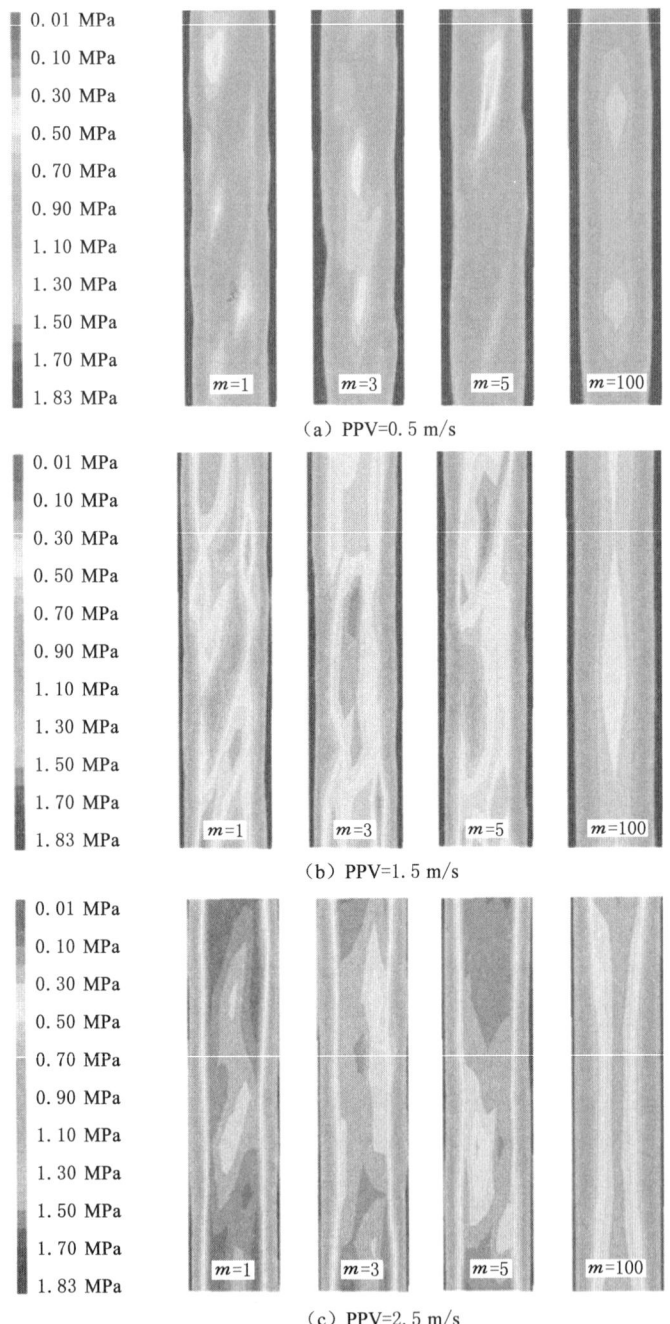

图 10-4　动载作用下非均质顶板的垂直应力分布

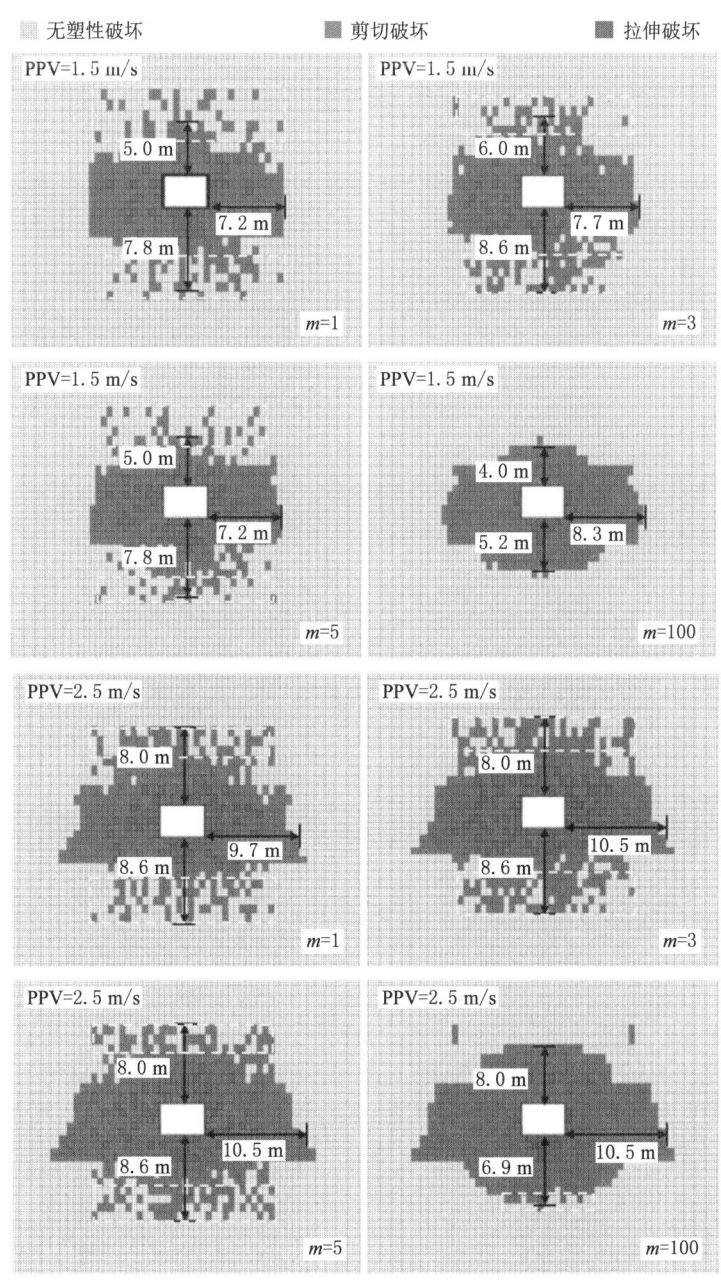

（a）22 m

图 10-5 动载作用下巷道不同位置塑性区分布

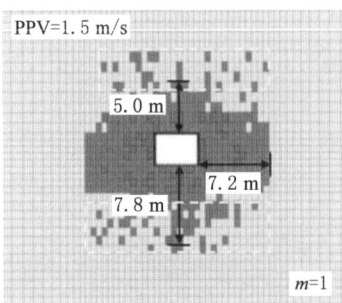

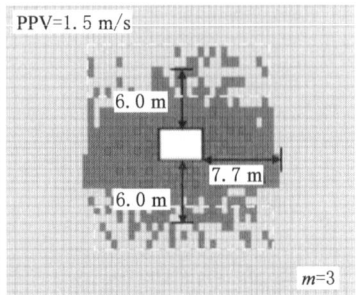

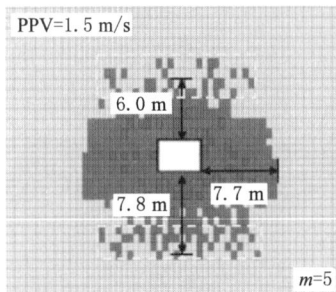

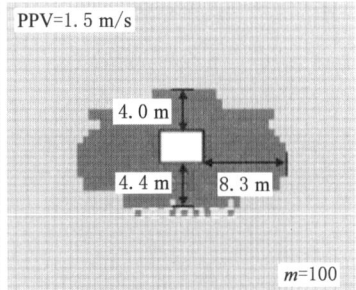

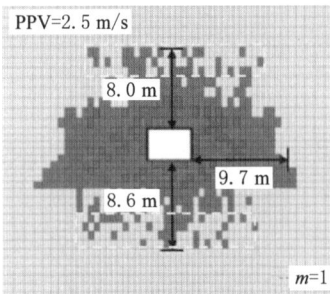

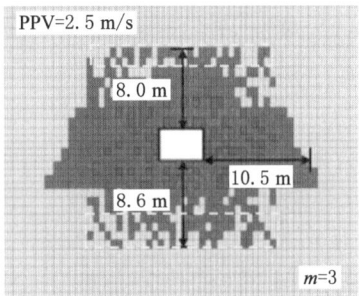

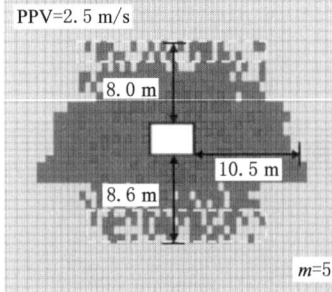

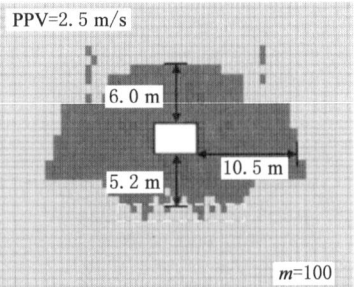

（b）27 m

图 10-5（续）

表 10-3 不同动载下巷道 22 m 处断面塑性区破坏单元数

PPV/(m/s)	m	塑性区破坏单元总数/个
0	$m=1$	329
	$m=3$	347
	$m=5$	320
	$m=100$	249
1.5	$m=1$	452
	$m=3$	509
	$m=5$	499
	$m=100$	433
2.5	$m=1$	636
	$m=3$	707
	$m=5$	717
	$m=100$	650

通过以上对动载作用下岩体非均质性对顶板空间分布特征、顶板变形规律、巷道顶板应力分布及塑性破坏区分布的分析可知，动载作用下岩体非均质性对巷道围岩稳定性的影响有显著变化。对于"非均质性强、扰动频"复杂条件下的裂隙围岩巷道，不仅要分析岩体力学性质对巷道稳定性的影响，还需着力研究动载作用对裂隙围岩稳定性的影响，进而探索相应的裂隙围岩控制机理。

10.3 本章小结

（1）基于岩体的非均质性，通过 FLAC3D 软件构建了可以合理考虑裂隙围岩巷道空间非一致性的数值模型，指出了其在工程围岩稳定性仿真模拟中的重要意义和价值。

（2）巷道开挖后受岩体非均质性的影响，顶板会在局部形成应力降低区。均质程度越高的顶板其应力分布越均匀，应力降低区在顶板的面积占比越小。在动载作用下，由顶板均质程度改变引起的应力分布变化的影响会变得越大。

（3）分析了非均质性对顶板的空间形态及下沉分布的影响。顶板的最大下沉位置受非均质性影响在空间分布上具有随机性，顶板下沉起伏不平。随着岩体均质程度提高，顶板平均下沉值和顶板下沉标准差逐渐减小，顶板下沉连续平整。在动载作用下，由顶板均质程度变化引起对顶板空间形态和下沉分布的影响也会发生改变。动载强度越强，由岩体均质程度变化导致下沉平均值和标准差的变化值会逐渐增大。

（4）分析了岩体非均质性对巷道不同位置断面塑性区的影响，巷道不同位置断面塑性区的范围及形状有明显区别。在动载作用下，由岩体均质程度变化导致对塑形区的影响也会发生变化。岩体均质程度变化造成的塑性区范围变化随着动载增强逐渐减弱。对于塑性区破坏的影响，随着动载的增强，虽然巷道塑性区的破坏单元逐渐变多，但增长速率呈减小的趋势。

参 考 文 献

[1] 中华人民共和国国家统计局.中国统计年鉴 2020[M].北京:中国统计出版社,2020.

[2] 张志刚.节理岩体强度确定方法及其各向异性特征研究[D].北京:北京交通大学,2007.

[3] 蒲成志,曹平,赵延林,等.单轴压缩下多裂隙类岩石材料强度试验与数值分析[J].岩土力学,2010,31(11):3661-3666.

[4] 韩智铭,乔春生,涂洪亮.含一组贯通节理岩体强度的各向异性分析[J].中国矿业大学学报,2017,46(5):1073-1083.

[5] 赵毅鑫,孙莊,刘斌.忻州窑烟煤Ⅰ型和Ⅱ型断裂特性的半圆弯曲试验对比研究[J].岩石力学与工程学报,2019,38(8):1593-1604.

[6] 钱七虎,何满潮.深部岩体力学基础[M].北京:科学出版社,2010.

[7] 何满潮,谢和平,彭苏萍,等.深部开采岩体力学研究[J].岩石力学与工程学报,2005,24(16):2803-2813.

[8] 荆升国.高应力破碎软岩巷道棚-索协同支护围岩控制机理研究[D].徐州:中国矿业大学,2009.

[9] 白国良.基于FLAC3D的采动岩体等效连续介质流固耦合模型及应用[J].采矿与安全工程学报,2010,27(1):106-110.

[10] 常来山,王家臣,李慧茹,等.节理岩体边坡损伤力学与FLAC-3D耦合分析[J].金属矿山,2004(9):16-18.

[11] 于广明,潘永战,曹善忠,等.基于协同学分析的岩体累积损伤力学模型研究[J].岩石力学与工程学报,2012,31(增刊 1):3051-3054.

[12] 康永水.裂隙岩体冻融损伤力学特性及多场耦合过程研究[D].武汉:中国科学院武汉岩土力学研究所,2012.

[13] 张玉军.节理岩体等效模型及其数值计算和室内试验[J].岩土工程学报,2006,28(1):29-32.

[14] 毛坚强.一种解岩土工程变形体-刚体接触问题的有限元法[J].岩土力学,2004,25(10):1592-1598.

[15] 杨峰.高应力软岩巷道变形破坏特征及让压支护机理研究[D].徐州:中国矿业大学,2009.

[16] 王方田.浅埋房式采空区下近距离煤层长壁开采覆岩运动规律及控制[D].徐州:中国矿业大学,2012.

[17] 田振农,李世海,刘晓宇,等.三维块体离散元可变形计算方法研究[J].岩石力学与工程学报,2008,27(增刊1):2832-2840.

[18] SHI G H. A geometric method for stability analysis of discontinuous rocks[J]. Science in China, Series A,1982(3):318-336.

[19] 石根华.岩体稳定分析的赤平投影方法[J].中国科学,1977,7(3):260-271.

[20] 石根华.岩体稳定分析的几何方法[J].中国科学,1981,11(4):487-495.

[21] 陈乃明,刘宝琛.块体理论的发展[J].矿冶工程,1993,13(4):15-18.

[22] 黄由玲,张广健,张思俊.随机块体理论及其在地下工程中的应用[J].河海大学学报,1993,21(3):106-111.

[23] 武清玺,王德信.拱坝坝肩三维稳定可靠度分析[J].岩土力学,1998,19(1):45-49.

[24] 张子新,孙钧.分形块体理论及其在三峡高边坡工程中的应用[J].同济大学学报(自然科学版),1996,24(5):552-557.

[25] 张子新,孙钧.三峡高边坡关键分形块体的概率分析[J].同济大学学报(自然科学版),1998,26(3):335-339.

[26] 石根华.不连续变形分析及其在隧道工程中的应用[J].工程力学,1985,2(2):161-170

[27] 许兴亮,张农,徐基根,等.高地应力破碎软岩巷道过程控制原理与实践[J].采矿与安全工程学报,2007,24(1):51-55.

[28] 许兴亮,张农.富水条件下软岩巷道变形特征与过程控制研究[J].中国矿业大学学报,2007,36(3):298-302.

[29] SHEN B T. Coal mine roadway stability in soft rock:a case study[J]. Rock mechanics and rock engineering,2014,47(6):2225-2238.

[30] BAI Q S,TU S H,ZHANG X G,et al. Numerical modeling on brittle failure of coal wall in longwall face-a case study[J]. Arabian journal of geosciences,2014,7(12):5067-5080.

[31] SHABANIMASHCOOL M,LI C C. Numerical modelling of longwall mining and stability analysis of the gates in a coal mine[J]. International journal of rock mechanics and mining sciences,2012,51:24-34.

---

[32] LI W F, BAI J B, PENG S, et al. Numerical modeling for yield pillar design: a case study[J]. Rock mechanics and rock engineering, 2015, 48(1): 305-318.

[33] WANG M, BAI J B, LI W F, et al. Failure mechanism and control of deep gob-side entry[J]. Arabian journal of geosciences, 2015, 8(11): 9117-9131.

[34] YAN S, BAI J B, WANG X Y, et al. An innovative approach for gateroad layout in highly gassy longwall top coal caving[J]. International journal of rock mechanics and mining sciences, 2013, 59: 33-41.

[35] ZHANG K, ZHANG G M, HOU R B, et al. Stress evolution in roadway rock bolts during mining in a fully mechanized longwall face, and an evaluation of rock bolt support design[J]. Rock mechanics and rock engineering, 2015, 48(1): 333-344.

[36] HOEK E, CARRANZA-TORRES C, CORKUM B. Hoek-Brown failure criterion-2002 edition[C]//Proceedings of NARMS-TAC Conference. Toronto: University of Toronto Press, 2002(1): 267-273.

[37] CAI M, KAISER P K, TASAKA Y, et al. Determination of residual strength parameters of jointed rock masses using the GSI system[J]. International journal of rock mechanics and mining sciences, 2007, 44(2): 247-265.

[38] MITRI H, EDRISSI R, HENNING J G. Finite-element modeling of cable-bolted stopes in hard-rock underground mines[J]. Transactions-society for mining metallurgy and exploration incorporated, 1995(298): 1897-1902.

[39] HOEK E, BROWN E T. Practical estimates of rock mass strength[J]. International journal of rock mechanics and mining sciences, 1997, 34(8): 1165-1186.

[40] CAI M, KAISER P K, UNO H, et al. Estimation of rock mass deformation modulus and strength of jointed hard rock masses using the GSI system[J]. International journal of rock mechanics and mining sciences, 2004, 41(1): 3-19.

[41] 路德春, 杜修力. 岩石材料的非线性强度与破坏准则研究[J]. 岩石力学与工程学报, 2013, 32(12): 2394-2408.

[42] 胡亚元, 王超. 多节理岩体的非线性耦合损伤本构模型[J]. 煤炭学报,

2019,44(S1):52-60.

[43] 秦楠,葛强,梁忠豪,等.高温对砂岩宏细观损伤及 BP 神经网络单轴强度预测研究[J].实验力学,2021,36(1):105-113.

[44] 晏斌,郭永成,朱千凡,等.基于 PSO-BP 神经网络的砂岩三轴抗压强度预测[J].三峡大学学报(自然科学版),2019,41(3):51-54.

[45] JIANG L S,ZHAO Y,GOLSANAMI N,et al. A novel type of neural networks for feature engineering of geological data:case studies of coal and gas hydrate-bearing sediments[J].Geoscience frontiers,2020,11(5):1511-1531.

[46] 刘刚,赵坚,宋宏伟,等.断续节理方位对巷道稳定性的影响[J].煤炭学报,2008,33(8):860-865.

[47] 李学华,梁顺,姚强岭,等.泥岩顶板巷道围岩裂隙演化规律与冒顶机理分析[J].煤炭学报,2011,36(6):903-908.

[48] 杨拓,刘建庄,李准.深井软岩巷道变形微观机理及控制对策分析[J].华北理工大学学报(自然科学版),2020,42(1):14-19.

[49] 张农,许兴亮,李桂臣.巷道围岩裂隙演化规律及渗流灾害控制[J].岩石力学与工程学报,2009,28(2):330-335.

[50] 江东海,李恭建,马文强,等.复杂节理岩体巷道非均称底鼓机制及控制对策[J].采矿与安全工程学报,2018,35(2):238-244.

[51] 周泽,朱川曲,李青锋.裂隙带顶板巷道围岩破坏机理及稳定性控制[J].煤炭学报,2017,42(6):1400-1407.

[52] 王超,伍永平,陈世江,等.煤矿巷道顶板宏观单裂隙的力学行为及影响分析[J].西安科技大学学报,2019,39(2):217-223.

[53] 于学馥,乔端.轴变论和围岩稳定轴比三规律[J].有色金属,1981(3):8-15.

[54] 于学馥.轴变论与围岩变形破坏的基本规律[J].铀矿冶,1982,1(1):8-17.

[55] 方祖烈.拉压域特征及主次承载区的维护理论[C]//世纪之交软岩工程技术现状与展望.北京:煤炭工业出版社,1999.

[56] 何满潮,景海河,孙晓明.软岩工程地质力学研究进展[J].工程地质学报,2000,8(1):46-62.

[57] 何满潮.深部软岩工程的研究进展与挑战[J].煤炭学报,2014,39(8):1409-1417.

[58] 侯朝炯团队.巷道围岩控制[M].徐州:中国矿业大学出版社,2013.

[59] 侯朝炯,勾攀峰.巷道锚杆支护围岩强度强化机理研究[J].岩石力学与工

程学报,2000,19(3):342-345.

[60] 蒋金泉,曲华,刘传孝.巷道围岩弱结构灾变失稳与破坏区域形态的奇异性[J].岩石力学与工程学报,2005,24(18):3373-3379.

[61] 樊克恭,蒋金泉.弱结构巷道围岩变形破坏与非均称控制机理[J].中国矿业大学学报,2007,36(1):54-59.

[62] 何江,窦林名,王崧玮,等.坚硬顶板诱发冲击矿压机理及类型研究[J].采矿与安全工程学报,2017,34(6):1122-1127.

[63] 何江.煤矿采动动载对煤岩体的作用及诱冲机理研究[D].徐州:中国矿业大学,2013.

[64] MILEV A M,SPOTTISWOODE S M. Integrated seismicity around deep-level stopes in South Africa[J]. International journal of rock mechanics and mining sciences,1997,34(3/4):199. e1-199. e10.

[65] AKI K,RICHARDS P. Quantitative Seismology[M]. San Francisco:W. H. Freeman and Company,2002.

[66] 夏昌敬,谢和平,鞠杨,等.冲击载荷下孔隙岩石能量耗散的实验研究[J].工程力学,2006,23(9):1-5.

[67] 高明仕,刘亚明,赵一超,等.深部煤巷顶板冲击裂变失稳机制及其动力表现型式[J].煤炭学报,2017,42(7):1650-1655.

[68] 李新元,马念杰,钟亚平,等.坚硬顶板断裂过程中弹性能量积聚与释放的分布规律[J].岩石力学与工程学报,2007,26(增刊1):2786-2793.

[69] LURKA A. Rozwiazanie zagadnienia tomografii pasywnej z wykorzys-taniem algorytmów ewolucyjnych[M].[S. l. :s. n.],1998.

[70] 牟宗龙.顶板岩层诱发冲击的冲能原理及其应用研究[J].中国矿业大学学报,2009,38(1):149-150.

[71] 宫凤强,李夕兵,董陇军.圆盘冲击劈裂试验中岩石拉伸弹性模量的求解算法[J].岩石力学与工程学报,2013,32(4):705-713.

[72] 彭维红,卢爱红.应力波作用下巷道围岩层裂失稳的数值模拟[J].采矿与安全工程学报,2008,25(2):213-216.

[73] 陈超凡,张博.基于能量法的负泊松效应下的巷道围岩膨胀机制分析[C]//北京力学会第二十二届学术年会论文集.北京:[出版者不详],2016.

[74] 黄明利,唐春安,朱万成.岩石单轴压缩下破坏失稳过程SEM即时研究[J].东北大学学报,1999,20(4):426-429.

[75] 郎颖娴,梁正召,段东,等.基于CT试验的岩石细观孔隙模型重构与并行模拟[J].岩土力学,2019,40(3):1204-1212.

[76] 兰天贺.沁水盆地南部煤储层孔隙结构连通性及其对煤层气解吸-扩散-渗流的影响[D].淮南:安徽理工大学,2019.

[77] 刘冬桥,王焯,张晓云.岩石应变软化变形特性及损伤本构模型研究[J].岩土力学,2017,38(10):2901-2908.

[78] CUNDALL P A. Formulation of a three-dimensional distinct element model-Part I. A scheme to detect and represent contacts in a system composed of many polyhedral blocks[J]. International journal of rock mechanics and mining sciences and geomechanics abstracts,1988,25(3):107-116.

[79] CUNDALL P A,Strack O D L. Particle flow code in 2 Dimension[Z]. Minneapolis:Itasca Consulting Group,Inc,1999.

[80] CUNDALL P A. The measurement and analysis of acceleration in rock slopes[D]. London:Imperial College of Science and Technology,1971.

[81] LEMOS J V,HART R D,CUNDALL P A. A generalized distinct element program for modelling jointed rock mass[C]//Proceedings of the International Symposium on Fundamentals of Rock Joints.[S. l.:s. n.],1985.

[82] LORIG L J,BRADY B H G,CUNDALL P A. Hybrid distinct element-boundary element analysis of jointed rock[J]. International journal of rock mechanics and mining sciences and geomechanics abstracts,1986,23(4):303-312.

[83] 刘勇.节理岩体强度特征及宏观力学参数确定方法研究[D].北京:北京交通大学,2013.

[84] 石崇,褚卫江,郑文棠.块体离散元数值模拟技术及工程应用[M].北京:中国建筑工业出版社,2016.

[85] HAWKES I,MELLOR M,GARIEPY S. Deformation of rocks under uniaxial tension[J]. International journal of rock mechanics and mining sciences and geomechanics abstracts,1973,10(6):493-507.

[86] HAIMSON B C,THARP T M. Stresses around boreholes in bilinear elastic rock[J]. Society of petroleum engineers journal,1974,14(2):145-151.

[87] BARLA G,GOFFI L. Direct tensile testing of anisotropic rocks[C]//Proceedings of the 3rd. Congress of International Society for Rock Mechanics. Denver:[s. n.],1974.

［88］ CHEN R,STIMPSON B. Interpretation of indirect tensile strength tests when moduli of deformation in compression and in tension are different [J]. Rock mechanics and rock engineering,1993,26(2):183-189.

［89］ SUITS L D,SHEAHAN T C,FUENKAJORN K,et al. Laboratory determination of direct tensile strength and deformability of intact rocks [J]. Geotechnical testing journal,2011,34(1):103-134.

［90］ 余贤斌,谢强,李心一,等. 直接拉伸、劈裂及单轴压缩试验下岩石的声发射特性[J]. 岩石力学与工程学报,2007,26(1):137-142.

［91］ ISRM. The complete ISRM suggested methods for rock characterization, testing and monitoring:1974-2006[Z]. [S. l. ;s. n.],2007.

［92］ 中华人民共和国住房和城乡建设部. 工程岩体试验方法标准:GB/T 50266-2013[S]. 北京:中国计划出版社,2013.

［93］ ULUSAY R,HUDSON J A. Suggested methods prepared by the commission on testing methods, International Society for Rock Mechanics,compilation arranged by the ISRM Turkish National Group [Z]. Ankara:[s. n.],2007.

［94］ HAFTANI M,CHEHREH H A,MEHINRAD A,et al. Practical investigations on use of weighted joint density to decrease the limitations of RQD measurements[J]. Rock mechanics and rock engineering,2016,49 (4):1551-1558.

［95］ YANG W D,ZHANG Q B,RANJITH P G,et al. A damage mechanical model applied to analysis of mechanical properties of jointed rock masses [J]. Tunnelling and underground space technology,2019,84:113-128.

［96］ 蒋力帅. 工程岩体劣化与大采高沿空巷道围岩控制原理研究[D]. 北京:中国矿业大学(北京),2016.

［97］ 杨建平. 裂隙岩体宏观力学参数评价研究[D]. 武汉:中国科学院研究生院(武汉岩土力学研究所),2009.

［98］ 李凯. 非贯通节理岩体断裂特性及损伤模型研究[D]. 北京:中国地质大学(北京),2018.

［99］ KULATILAKE P H S W,UCPIRTI H,WANG S,et al. Use of the distinct element method to perform stress analysis in rock with non-persistent joints and to study the effect of joint geometry parameters on the strength and deformability of rock masses[J]. Rock mechanics and rock engineering,1992,25(4):253-274.

［100］张占荣.裂隙岩体变形特性研究［D］.武汉:中国科学院研究生院(武汉岩土力学研究所),2010.

［101］黄兴政.节理化岩体力学参数研究［D］.长沙:中南大学,2008.

［102］ANON. Three-dimensional distinct element code: problem solving with 3DEC［Z］. Minneapolis: Itasca Consulting Group, Inc, 2003.

［103］POTYONDY D O, CUNDALL P A. A bonded-particle model for rock ［J］. International journal of rock mechanics and mining sciences, 2004, 41(8):1329-1364.

［104］DIEDERICH M S. Instability of hard rock masses: the role of tensile damage and relaxation［D］. Waterloo: University of Waterloo, 2000.

［105］吴波.造纸过程能源管理系统中数据挖掘与能耗预测方法的研究［D］.广州:华南理工大学,2012.

［106］劳晓琨.基于 Logistic 回归模型和 SVM 的企业客户流失研究［D］.西安:西安电子科技大学,2018.

［107］YESILOGLU-GULTEKIN N, GOKCEOGLU C, SEZER E A. Prediction of uniaxial compressive strength of granitic rocks by various nonlinear tools and comparison of their performances［J］. International Journal of Rock Mechanics and Mining Sciences, 2013, 62:113-122.

［108］ARMAGHANI D J, MOHAMAD E T, MOMENI E, et al. An adaptive neuro-fuzzy inference system for predicting unconfined compressive strength and Young's modulus: a study on Main Range granite［J］. Bulletin of engineering geology and the environment, 2015, 74 (4): 1301-1319.

［109］KARAKUS M, TUTMEZ B. Fuzzy and multiple regression modelling for evaluation of intact rock strength based on point load, schmidt hammer and sonic velocity［J］. Rock mechanics and rock engineering, 2006, 39(1):45-57.

［110］TIRYAKI B. Predicting intact rock strength for mechanical excavation using multivariate statistics, artificial neural networks, and regression trees［J］. Engineering Geology, 2008, 99(1/2):51-60.

［111］MEULENKAMP F, GRIMA M A. Application of neural networks for the prediction of the unconfined compressive strength (UCS) from Equotip hardness［J］. International journal of rock mechanics and mining sciences, 1999, 36(1):29-39.

[112] ZORLU K, GOKCEOGLU C, OCAKOGLU F, et al. Prediction of uniaxial compressive strength of sandstones using petrography-based models[J]. Engineering geology,2008,96(3/4):141-158.

[113] BEIKI M, MAJDI A, GIVSHAD A D. Application of genetic programming to predict the uniaxial compressive strength and elastic modulus of carbonate rocks[J]. International journal of rock mechanics and mining sciences,2013,63:159-169.

[114] LUNETTA R S,CONGALTON R G,FENSTERMAKER L K,et al. Remote sensing and geographic information system data integration: error sources and research issues[J]. Photogrammetric engineering and remote sensing,1991,57(6):677-687.

[115] FINOL J, YI K G,XU D J. A rule based fuzzy model for the prediction of petrophysical rock parameters[J]. Journal of petroleum science and engineering,2001,29(2):97-113.

[116] MCCULLOCH W S,PITTS W. A logical calculus of the ideas immanent in nervous activity[J]. Bulletin of mathematical biology,1990,52(1/2): 99-115.

[117] PATERSON M S. Experimental deformation and faulting in Wombeyan marble[J]. Geological society of america bulletin,1958,69(4):465-476.

[118]PATERSON M S,WONG T. Experimental rock deformation-the brittle field[M]. Berlin:Springer Science + Business Media,2005.

[119] HEARD H C. Transition from brittle fracture to ductile flow in Solenhofen limestone as a function of temperature,confining pressure, and interstitial fluid pressure [J]. Geological society of America memoirs,1960,79:193-226

[120] 徐速超.硬岩脆性破坏过程机理与应用研究[D].沈阳:东北大学,2010.

[121] BRADY B T. A mechanical equation of state for brittle rock:Part II-The prefailure initiation behavior of brittle rock[J]. International journal of rock mechanics and mining sciences and geomechanics abstracts,1973,10 (4):291-309.

[122] HAJIABDOLMAJID V,KAISER P K,MARTIN C D. Modelling brittle failure of rock[J]. International journal of rock mechanics and mining sciences,2002,39(6):731-741.

[123] 尤明庆,华安增.岩石试样的三轴卸围压试验[J].岩石力学与工程学报,

1998,17(1):24-29.

[124] 侯朝炯,马念杰.煤层巷道两帮煤体应力和极限平衡区的探讨[J].煤炭学报,1989,14(4):21-29.

[125] 董方庭,宋宏伟,郭志宏,等.巷道围岩松动圈支护理论[J].煤炭学报,1994,19(1):21-32.

[126] 袁亮,顾金才,薛俊华,等.深部围岩分区破裂化模型试验研究[J].煤炭学报,2014,39(6):987-993.

[127] 李术才,王汉鹏,钱七虎,等.深部巷道围岩分区破裂化现象现场监测研究[J].岩石力学与工程学报,2008,27(8):1545-1553.

[128] 钱七虎,李树忱.深部岩体工程围岩分区破裂化现象研究综述[J].岩石力学与工程学报,2008,27(6):1278-1284.

[129] SAINOKI A,MITRI H S. Dynamic modelling of fault-slip with Barton's shear strength model[J]. International journal of rock mechanics and mining sciences,2014,67:155-163.

[130] SAINOKI A,MITRI H S. Effect of slip-weakening distance on selected seismic source parameters of mining-induced fault-slip[J]. International journal of rock mechanics and mining sciences,2015,73:115-122.

[131] SAINOKI A,MITRI H S. Methodology for the interpretation of fault-slip seismicity in a weak shear zone[J]. Journal of applied geophysics,2014,110:126-134.

[132] ANON. FLAC3D-fast Lagrangian analysis of continua. 4. 0ed[Z]. Minneapolis:Itasca Consulting Group,Inc,2009.

[133] 陈育民,徐鼎平. FLAC/FLAC3D基础与工程实例[M].北京:中国水利水电出版社,2009.

[134] MANOUCHEHRIAN A,CAI M. Influence of material heterogeneity on failure intensity in unstable rock failure[J]. Computers and geotechnics,2016,71:237-246.

[135] CAI M. Rock mass characterization and rock property variability considerations for tunnel and cavern design[J]. Rock mechanics and rock engineering,2011,44(4):379-399.

[136] YANG Y F, TANG C A, XIA K W. Study on crack curving and branching mechanism in quasi-brittle materials under dynamic biaxial loading[J]. International Journal of Fracture,2012,177(1):53-72.

[137] LIU H Y, ROQUETE M, KOU S Q, et al. Characterization of rock

heterogeneity and numerical verification[J]. Engineering geology,2004, 72(1/2):89-119.

[138] KIM K, YAO C. Effects of micromechanical property variation on fracture processes in simple tension[Z].[S. l. :s. n.],1995.

[139] FAN L F,REN F,MA G W. Experimental study on viscoelastic behavior of sedimentary rock under dynamic loading[J]. Rock mechanics and rock engineering,2012,45(3):433-438.

[140] PAPPALARDO G,PUNTURO R,MINEO S,et al. The role of porosity on the engineering geological properties of 1669 lavas from Mount Etna [J]. Engineering geology,2017,221:16-28.

[141] LIU P,JU Y,RANJITH P G,et al. Experimental investigation of the effects of heterogeneity and geostress difference on the 3D growth and distribution of hydrofracturing cracks in unconventional reservoir rocks [J]. Journal of natural gas science and engineering,2016,35:541-554.

[142] LAN H X,MARTIN C D,HU B. Effect of heterogeneity of brittle rock on micromechanical extensile behavior during compression loading[J]. Journal of geophysical research:solid earth,2010,115(B1):B01202.

[143] TANG C M. Numerical simulation of progressive rock failure and associated seismicity[J]. International journal of rock mechanics and mining sciences,1997,34(2):249-261.

[144] VILLENEUVE M C,DIEDERICHS M S,KAISER P K. Effects of grain scale heterogeneity on rock strength and the chipping process[J]. International journal of geomechanics,2012,12(6):632-647.

[145] ZHOU X P. Microcrack interaction brittle rock subjected to uniaxial tensile loads[J]. Theoretical and applied fracture mechanics,2007,47 (1):68-76.

[146] CHEN S,YUE Z Q,THAM L G. Digital image-based numerical modeling method for prediction of inhomogeneous rock failure[J]. International journal of rock mechanics and mining sciences,2004,41 (6):939-957.

[147] HSU S C,NELSON P P. Material spatial variability and slope stability for weak rock masses[J]. Journal of geotechnical and geoenvironmental engineering,2006,132(2):183-193.

[148] PANDIT B,TIWARI G,LATHA G M,et al. Stability analysis of a large

gold mine open-pit slope using advanced probabilistic method[J]. Rock mechanics and rock engineering,2018,51(7):2153-2174.

[149] SCHWEIGER H F,THURNER R,P? TTLER R. Reliability analysis in geotechnics with deterministic finite elements[J]. International journal of geomechanics,2001,1(4):389-413.

[150] SONG K I,CHO G C,LEE S W. Effects of spatially variable weathered rock properties on tunnel behavior [J]. Probabilistic Engineering Mechanics,2011,26(3):413-426.

[151] JIANG L S,SAINOKI A,MITRI H S, et al. Influence of fracture-induced weakening on coal mine gateroad stability[J]. International journal of rock mechanics and mining sciences,2016,88:307-317.

[152] BOBET A. Elastic solution for deep tunnels. application to excavation damage zone and rockbolt support [J]. Rock mechanics and rock engineering,2009,42(2):147-174.

[153] BOBET A,EINSTEIN H H. Tunnel reinforcement with rockbolts[J]. Tunnelling and underground space technology,2011,26(1):100-123.

[154] MITRI H S, EDRISSI R,HENNING J G. Finite element modelling of cable-bolted stopes in hard rock underground mines[C]//SME Annual Meeting.[S. l. ;s. n.],1993.

[155] HOEK E,MARINOS P,BENISSI M. Applicability of the geological strength index (GSI) classification for very weak and sheared rock masses. The case of the Athens Schist Formation [J]. Bulletin of engineering geology and the environment,1998,57(2):151-160.

[156] WEIBULL W. A statistical distribution function of wide applicability [J]. Journal of applied mechanics,1951,18(3):293-297.

[157] PALUSZNY A,TANG X H,NEJATI M, et al. A direct fragmentation method with Weibull function distribution of sizes based on finite and discrete element simulations[J]. International journal of solids and structures,2016,80:38-51.

[158] TANG C A,LIU H,LEE P K K,et al. Numerical studies of the influence of microstructure on rock failure in uniaxial compression-Part I:effect of heterogeneity[J]. International journal of rock mechanics and mining sciences,2000,37(4):555-569.

[159] PEARSON K. Notes on the history of correlation[J]. Biometrika,1920,

13(1):25-45.

[160] PINHEIRO M，VALLEJOS J，MIRANDA T，et al. Geostatistical simulation to map the spatial heterogeneity of geomechanical parameters:a case study with rock mass rating[J]. Engineering geology，2016,205:93-103.

[161] BIENIAWSKI Z T. Engineering rock mass classifications[J]. Petroleum，1989,251(3):357-365.

[162] DEERE D U. Technical description of rock cores for engineering purposes[J]. Rock mechanics and engineering geology, 1964,1(1):17-22.

[163] ZHANG Z,WANG W,LI S,et al. An innovative approach for gob-side entry retaining with thick and hard roof:a case study[J]. Tehnicki vjesnik,2018,25(4):1028-1036.

[164] SHU J M,JIANG L S,KONG P,et al. Numerical analysis of the mechanical behaviors of various jointed rocks under uniaxial tension loading[J]. Applied sciences,2019,9(9):1824.

[165] 谢和平,周宏伟,薛东杰,等.煤炭深部开采与极限开采深度的研究与思考[J].煤炭学报,2012,37(4):535-542.

[166] 谢和平.深部岩体力学与开采理论研究进展[J].煤炭学报,2019,44(5):1283-1305.

[167] 潘俊锋,齐庆新,刘少虹,等.我国煤炭深部开采冲击地压特征、类型及分源防控技术[J].煤炭学报,2020,45(1):111-121.

[168] 姜耀东,潘一山,姜福兴,等.我国煤炭开采中的冲击地压机理和防治[J].煤炭学报,2014,39(2):205-213.

[169] WU X Y,JIANG L S,XU X G,et al. Numerical analysis of deformation and failure characteristics of deep roadway surrounding rock under static-dynamic coupling stress[J]. Journal of Central South University,2021,28(2):543-555.

[170] 潘一山,肖永惠,李忠华,等.冲击地压矿井巷道支护理论研究及应用[J].煤炭学报,2014,39(2):222-228.

[171] 张宋秋阳.类节理岩体在动静不同荷载作用下破坏特征差异分析[D].衡阳:南华大学,2017.

[172] 李夕兵.岩石动力学基础与应用[M].北京:科学出版社,2014.

[173] CAI M,KAISER P K,SUORINENI F,et al. A study on the dynamic

behavior of the Meuse/Haute-Marne argillite[J]. Physics and chemistry of the earth,2007,32(8-14):907-916.

[174]KOLSKY H. Stress waves in solids[M]. New York:Dover Publications Inc. ,1963.

[175] 赵习金.分离式霍普金森压杆实验技术的改进和应用[D].长沙:中国人民解放军国防科学技术大学,2003.

[176] LINDHOLM U S. Some experiments with the split Hopkinson pressure bar[J]. Journal of the mechanics and physics of solids,1964,12(5):317-335.

[177] 周光泉.高应变率 Hopkinson 杆实验技术述评[J].力学进展,1983,13(2):219-225.

[178] 王敏杰.动态塑性试验技术[J].力学进展,1988,18(1):70-78.

[179] 李夕兵,赖海辉,朱成忠.冲击载荷下岩石破碎能耗及其力学性质的探讨[J].矿冶工程,1988,8(1):15-19.

[180] 段祝平,孙琦清,王厘尔.高应变率下金属动力学性能的实验与理论研究:一维粘塑性波的数值方法[J].力学进展,1980,10(增刊1):76-88.

[181] 胡时胜,王礼立.一种用于材料高应变率试验的装置[J].振动与冲击,1986,5(1):40-47.

[182] 何满潮,吕晓俭,景海河.深部工程围岩特性及非线性动态力学设计理念[J].岩石力学与工程学报,2002,21(8):1215-1224.

[183] 齐庆新,潘一山,舒龙勇,等.煤矿深部开采煤岩动力灾害多尺度分源防控理论与技术架构[J].煤炭学报,2018,43(7):1801-1810.

[184] WANG G F,GONG S Y,DOU L M,et al. Rockburst mechanism and control in coal seam with both syncline and hard strata[J]. Safety science,2019,115:320-328.

[185] 陈建君,马鹏,余伊河,等.动载方向对巷道冲击影响的数值模拟研究[J].煤,2013,22(11):3-5.

[186]KONG P,JIANG L S,JIANG J Q,et al. Numerical analysis of roadway rock-burst hazard under superposed dynamic and static loads[J]. Energies,2019,12(19):3761.

[187] 朱万成,左宇军,尚世明,等.动态扰动触发深部巷道发生失稳破裂的数值模拟[J].岩石力学与工程学报,2007,26(5):915-921.

[188] YUAN Z H,CAO Z G,CAI Y Q,et al. An analytical solution to investigate the dynamic impact of a moving surface load on a shallowly-

buried tunnel [J]. Soil dynamics and earthquake engineering, 2019, 126:105816.

[189] LI D Y, XIAO P, HAN Z Y, et al. Mechanical and failure properties of rocks with a cavity under coupled static and dynamic loads [J]. Engineering fracture mechanics, 2020, 225:106195.

[190] XU J K, ZHOU R, SONG D Z, et al. Deformation and damage dynamic characteristics of coal-rock materials in deep coal mines[J]. International journal of damage mechanics, 2019, 28(1):58-78.

[191] ANSELL A. Laboratory testing of a new type of energy absorbing rock bolt[J]. Tunnelling and underground space technology, 2005, 20(4):291-300.